LP 203

www.lenos.ch

Florianne Koechlin

Schwatzhafte Tomate, wehrhafter Tabak

Pflanzen neu entdeckt

Lenos Verlag

Die Autorin

Florianne Koechlin, geboren 1948, studierte Biologie und Chemie; sie wurde bekannt als Gentechnik-Kritikerin und Autorin. Im Lenos Verlag veröffentlichte sie bislang sechs Bücher. Seit Jahren befasst sie sich mit neuen Erkenntnissen zu Pflanzen und anderen Lebewesen sowie mit zukunftsfähigen Konzepten in der Landwirtschaft und in der Forschung. Daneben malt sie. Sie ist Stiftungsrätin der Zukunftsstiftung Landwirtschaft und lebt in Münchenstein bei Basel. www.blauen-institut.ch.

Der Lenos Verlag wird vom Bundesamt für Kultur mit einem Strukturbeitrag für die Jahre 2016–2020 unterstützt.

LP 203
Erste Auflage 2019

Satz und Gestaltung: Lenos Verlag, Basel
Umschlag: Thomas Dinner, Basel
Umschlagbild: Florianne Koechlin
Printed in Germany
ISBN 978 3 85787 803 9

Schwatzhafte Tomate, wehrhafter Tabak

Inhalt

Vorwort 9
Die Limabohne kommuniziert – aber wie? 13
Von Duftvokabeln und Zeichen 23
Der wehrhafte Kojotentabak 31
Die fruchtbare Oase im Wurzelstock 39
Pflanzen riechen, schmecken, sehen, tasten.
Und eventuell hören sie auch 45
Das versteckte Sozialleben der Pflanzen 53
Straucherbse bewässert Fingerhirse 61
Sind Pflanzen intelligent? 79
Die »biologische Kränkung des menschlichen
Narzissmus« 95
Ein Garten Eden in garstiger Höhe 105
Das Heilpflanzenparadies von Kerala 121
Monokulturen im Kopf 131
Die Würde des Kopfsalats 143

Pflanzen neu entdecken.
Rheinauer Thesen zu Rechten von Pflanzen 155

Anmerkungen 165
Bücher zum Thema 175
Referenzen 177
Textnachweis 184
Bildnachweis 185

Vorwort

Pflanzen unterhalten lebhafte Beziehungen mit ihrer Umgebung; sie warnen sich gegenseitig mit Duftstoffen, locken gezielt Nützlinge an, koordinieren oft sogar ihr Verhalten. Pflanzen erinnern sich an vergangene Ereignisse und lernen aus diesen Erfahrungen. Sie erkennen und protegieren Verwandte, konkurrenzieren Fremde und bilden Allianzen. Unter dem Boden bilden sie umfangreiche Netzsysteme aus Wurzeln und Pilzen, über die sie Nährstoffe und sogar Informationen austauschen – ein »Internet der Pflanzengemeinschaften«, dessen Ausmasse sich noch nicht erahnen lassen. Manche Forscher halten sie gar für intelligent.

Mich hat diese phantastische Welt der Pflanzen in den Bann gezogen; ich besuchte in den letzten zehn Jahren zahlreiche Forscherinnen und Wissenschaftler, Bäuerinnen und Philosophen in ganz Europa, aber auch in Indien, Kenia und Ägypten. *Schwatzhafte Tomate, wehrhafter Tabak* ist ein Fazit dieser zehn Jahre und enthält überarbeitete ältere sowie neue Texte. Das wirklich Faszinierende ist, dass da Jahr für Jahr ein neues, sehr viel komplexeres Bild der Pflanzenwelt entsteht. Ein Wissenschaftler meinte mir gegenüber: Je mehr wir forschen, desto mehr nimmt nicht etwa unser Wissen, sondern vor allem unser Nichtwissen zu.

Was aber bringt dieses Wissen, dass Pflanzen rege kommunizieren und hervorragende Networkerinnen sind? Zum Beispiel für unsere Ernährung? Denkbar wäre eine Landwirtschaft, welche die stupenden Fähigkeiten von Pflanzen besser ausnutzt, den Boden fruchtbar werden lässt, mit den endlichen Ressourcen sehr sorgsam umgeht und auch noch mehr Ertrag abwirft. Ist eine solche Vision bloss frommes Wunschdenken oder eine realistische Option für eine zukunftsfähige Landwirtschaft? Deren Herausforderungen sind gigantisch: Klimaextreme, Ressourcenknappheit, erodierte Böden und eine wachsende Bevölkerung. Und warum werden Pflanzen in unserer Gesellschaft so anders bewertet als Tiere? Zumindest »höhere« Tiere gelten nicht mehr als Sachen, sie haben gewisse Rechte: Es gibt Vorschriften über artgerechte Tierhaltung. Die Frage bleibt, ob nicht auch Pflanzen mehr Respekt verdienen und ob nicht auch sie Rechte haben sollen.

Florianne Koechlin, Juli 2016

Die Limabohne kommuniziert – aber wie?

Am Max-Planck-Institut für chemische Ökologie in Jena untersucht eine Gruppe um Wilhelm Boland die Kommunikationsfähigkeiten der kleinen Limabohne. Ich besuchte ihn vor ein paar Jahren an seinem Arbeitsort.

Pflanzen, sagt er, besässen ein grosses Repertoire unterschiedlicher Düfte, mit denen sie mit ihrer Umgebung kommunizierten. »Bisher kennen wir über tausend Duftstoffverbindungen, es können auch mehr sein.«[1] Er sieht mein Staunen und relativiert: »Die kommen aber nicht alle in einer Pflanze vor. Es gibt einen Grundstock von fünf bis zehn chemischen Duftstoffverbindungen, die allen Pflanzen gemein sind. Jede Pflanze kann zusätzlich eine grosse Zahl an Spurenkomponenten herstellen.« Könnte man also sagen, dass es eine pflanzliche Grundsprache gibt und dazu viele Dialekte kommen, die für jede Pflanzenart charakteristisch sind? Wilhelm Boland lacht. Das sei vielleicht etwas übertrieben, aber ja, so könne man das sehen. Wichtig sei, fährt er fort, wie und in welchen Mengen die Duftstoffe miteinander vermischt werden. Die verschiedenen »Dialekte« ergeben sich also durch leicht unterschiedliche Rezepturen der chemischen Duftmoleküle.

Wilhelm Boland

Ein gutes Beispiel hierfür sei die Limabohne. Wilhelm Boland erzählt: Wenn eine Raupe an einem Blatt zu fressen beginnt, passiert vielerlei. Bereits die mechanische Beschädigung setzt eine Duftstoffwolke frei. Diese warnt die ganze Pflanze vor der drohenden Gefahr; alle Blätter beginnen mit der Produktion von Abwehrstoffen. Das Duftstoffgemisch sei eine Art »Expresshighway« der Information, meint er, es ermögliche eine blitzschnelle Informationsverbreitung. Auch Nachbarpflanzen verstehen die Botschaft und beginnen mit Verteidigungsmassnahmen.

Limabohne

»Das ist nur die erste Abwehrstrategie«, sagt er, »weitere folgen sogleich. Nach drei bis vier Stunden produziert die Limabohne ein neues Duftbouquet, mit dem sie gezielt einen Nützling herbeilocken kann, der den Frassfeind bekämpft. Sie ruft also quasi ihren ›Bodyguard‹. Hochinteressant ist nun, dass die Limabohne nicht nur mitteilen kann, *dass* sie verletzt ist, sie sagt auch ganz genau, *wer* sie verletzt hat.« Bei Spinnmilbenbefall locke sie mit speziellen Düften Raubmilben herbei, welche die Spinnmilben fressen. Wird die Limabohne von Raupen angegriffen, sendet sie eine etwas andere Parfumvariation aus, die Schlupfwespen anzieht. Diese legen ihre Eier in die Raupen. Aus den Eiern schlüpfen Wespenlarven, welche die Raupen von innen her auffressen.

Woran aber merkt die Limabohne, dass sie von einer Spinnmilbe angegriffen wird und nicht von einer Raupe?

Das erkenne sie am Speichel der Insekten, sagt der Forscher. »Wir kennen inzwischen zahlreiche chemische Verbindungen des Insektenspeichels, anhand deren die Pflanze genau feststellen kann, um welchen Feind es sich handelt.« Auch andere Pflanzen können das; von der Tomate zum Beispiel sind ganz ähnliche Abwehrstrategien bekannt.

Die Pflanzen »schmecken« also am Speichel, wer gerade dabei ist, an ihren Blättern zu fressen. Dann produzieren sie den Duftstoff, der den passenden »Bodyguard« anlockt. Ein grossartiges Kommunikationskunststück![2]

Limabohnen besässen noch weitere elegante Abwehrstrategien, erzählt Wilhelm Boland. Viele produzieren Toxine (cyanogene Glucoside), welche die Frassfeinde töten können. Zudem stellen sie gleich nach einem Angriff in den Ansatzstellen zwischen Stängel und Blattstiel Nektar her. Üblicherweise wird Nektar nur in den Blüten gebildet, um Bestäuber anzulocken. Der Extranektar in diesen Ansatzstellen zieht patrouillierende Ameisen an. Diese sind ausgezeichnete Verbündete: Sie machen Jagd auf viele Frassfeinde – etwa Raupen, kleine Käfer und andere Insekten. Ameisen sind Generalisten. Als Belohnung erhalten sie Nektar.

Die Pflanze besitzt also ein ganzes Arsenal an Abwehrstrategien. Versagt eine davon, nutzt sie eine andere. »Ihr Geheimrezept ist die Vielfalt«, sagt Wilhelm Boland, »und das ist auch nötig. Sie können auf die Limabohne fast jeden Frassfeind setzen – er beginnt zu fressen. Nur Läuse lieben sie nicht, wir wissen nicht, warum.«[3]

Was aber teilen sich Pflanzen sonst mit, ausser dass sie sich warnen und Nützlinge anziehen? Da gebe es natürlich die Duftstoffkommunikation mit den Bestäubern, meint

Wilhelm Boland. Pflanzen könnten sich zudem gegenseitig im Wachstum fördern oder hemmen, auch dazu würden sie die Duftsprache benutzen.

Bekanntes Beispiel ist der Wüstensalbei. Um ihn herum gibt es immer einen fast pflanzenleeren Raum. Der Wüstensalbei hindert andere Pflanzen am Wachsen, und zwar mit Hilfe eines speziellen Duftstoffgemisches, das gut untersucht ist. Darin enthalten sind Methyljasmonate und Jasmon sowie kurzkettige, ungesättigte Ketone. Diese Duftstoffe, die auch in der Parfumindustrie verwendet werden, haben je nach Zusammenhang eine unterschiedliche Bedeutung: Mal regen sie die Pflanzen zur Abwehr an, mal dienen sie dazu, Nachbarpflanzen vor einer Raupeninvasion zu warnen. Hier aber setzt der Wüstensalbei sie ein, um das Wachstum anderer Pflanzen zu behindern.

»Der Punkt ist«, sagt Wilhelm Boland, »dass dieselbe Duftstoffvokabel bei einer anderen Pflanze in einem anderen Kontext eine ganz andere Funktion haben kann.« Nach einer Pause meint er: »Es ist beliebig kompliziert, wie eigentlich immer. Und wir sind erst ganz am Anfang.« Nochmals eine Pause, dann sagt er: »Pflanzen strukturieren ihre Umwelt mit Hilfe von Duftstoffen und Kommunikation.«

Ich schaue aus dem Fenster auf einen kleinen Wald. Jeder dieser Bäume strukturiert also seine Umgebung mit Duftstoffen und wird selbst von anderen strukturiert. Jeder Baum wird durch Kommunikation zu dem, was er ist. Jeder Baum, jede Pflanze *ist* Kommunikation.

Der Forscher unterbricht mein Sinnieren. Interessant sei auch, sagt er, dass Wildpflanzen im Allgemeinen über ein grösseres Vokabular verfügten als gezüchtete. So produzierten wilde Baumwollpflanzen bis zu zehnmal so viele Duftstoffe wie ihre gezüchteten Verwandten. Nutzpflanzen sind über Jahrhunderte auf grossen Ertrag hin gezüchtet worden. Man achtete nicht auf die Kommunikationsfähigkeit einer Pflanze. Die ging oft verloren. »Doch vielleicht ergibt es für das Ökosystem Sinn, auf solche Kommunikationswege zurückzugreifen. Vielleicht haben wir mit dem System riesiger Monokulturen einen Kardinalfehler begangen – da ist die Duftproduktion gänzlich überflüssig geworden. Doch es könnte sich bei der Züchtung von Pflanzen lohnen, darauf zu achten, dass ihre Abwehrstrategien nicht auf der Strecke bleiben. So liesse sich der Einsatz von Schädlingsbekämpfungsmitteln reduzieren.«[4]

Und wie funktioniert die Duftstoffkommunikation auf der Ebene der Zellen? Wie zum Beispiel »riecht« eine Pflanze? »Das wissen wir nicht«, sagt Wilhelm Boland. »Wenn wir eine Limabohne einer bestimmten Duftstoffwolke aussetzen, können wir in den Blättern elektrische Reize messen. Auch beginnt sie sogleich, zwischen Stängel und Blattstielen Nektar zu produzieren. Sie zeigt also eine Reaktion. Doch da ist unser Wissen bereits zu Ende. Wir haben keine Vorstellung davon, wie eine Pflanze ›riecht‹.« (Auch heute, acht Jahre nach meinem Besuch in Jena, ist dies immer noch ein Rätsel, wie Wilhelm Boland auf Anfrage bestätigt.)

Beim anschliessenden Rundgang durch die Gewächshäuser, am anderen Ende des Gebäudekomplexes, spazieren wir vorbei an langen Reihen mit Limabohnen und kommen zu Akazienbüschen. Ihre harten, manchmal fingerlangen Dornen sehen gefährlich aus. »Darin wohnen Ameisen«, sagt Wilhelm Boland. »Auch viele Akazienarten produzieren Nektar an den Blatträndern – Sie sehen es hier ganz deutlich, diese klebrige Spur –, um patrouillierende Ameisen anzulocken, ähnlich wie Limabohnen. Die Ameisen attackieren dann die Frassfeinde der Akazien: Insekten, Raupen, aber auch grössere Pflanzenfresser. Interessant ist nun, dass die Akazie Nektar in verschiedenen Rezepturen anbieten kann.« Einige Akazienarten stellten Nektar her, der reich an Rohrzucker sei – eine bei vielen Ameisen beliebte Nahrungsquelle. Sie locken damit beliebige Ameisenscharen aus ihrer Umgebung an, wenn sie gerade angegriffen werden. Andere Akazienarten halten sich spezialisierte Ameisen als »Dauerbewohner«. Sie bietet »ihren« Insekten einen speziellen Nektar an, der ihnen besonders gut bekommt, denn diese Ameisen können Rohrzucker nicht verdauen. »Rohrzucker ist für sie so unverträglich wie Milchzucker für manche Menschen«, sagt der Wissenschaftler. »Für diese Tiere produziert die Akazie einen rohrzuckerfreien Nektar. Im Nektar gibt es ein Verdauungsenzym, das den Rohrzucker aufspaltet. Die Ameisen erhalten also quasi vorverdauten Nektar.[5] Ist das nicht genial?« Seine Begeisterung ist ansteckend.

Zum Schluss des Gesprächs kommt die Frage auf, ob Pflanzen wirklich kommunizieren, also ob Pflanzen wirklich eine Wahl haben und aktiv entscheiden. Wilhelm Boland verneint dies. Seiner Meinung nach sei eine Pflanze ein programmiertes System, bei dem die Antworten schon eincodiert seien. »Die ganz schnellen Reaktionen finden bei der Pflanze auf der Zellebene statt, und zwar bei den

Zellmembranen, welche die Zellen umgeben. Da kommt es auch zu elektrophysiologischen Veränderungen. Von diesen Zellmembranen muss es irgendeine Verbindung zum Stoffwechsel hin geben. Das führt zur Herstellung neuer chemischer Verbindungen. Eine Pflanze ist also ein Automat im weitesten Sinne.« Ein Automat? »Auch bei einem Automaten gibt es Aktionen und Interaktionen, die mit sinnvollen Programmen koordiniert werden.« So könne man sich die Pflanze vorstellen, als eine Art Automat. Sie brauche gar keine Kontrollinstanz zur Koordination der biochemischen Aktivitäten.

Das aber sehen manche seiner Kollegen aus der Wissenschaft anders. Sie sind überzeugt, dass Pflanzen echte Kommunikation betreiben. Einer davon ist Günther Witzany.

Beispiel: Ein Apfelbaum lockt Kohlmeisen an

*Einige Pflanzen locken mit Duftstoffen auch Vögel an, um sich vor Schädlingsbefall zu schützen: Wird ein Apfelbaum von gefrässigen Raupen des Kleinen Frostspanners (*Operophthera brumata *L.) heimgesucht, lockt er mit einem Duftstoffcocktail Kohlmeisen an. Diese riechen das SOS-Signal des befallenen Apfelbaums und finden so gezielt zu einer reichhaltigen Raupenbeute.*[6]

Vogel und Apfelbaum

Beispiel: Erbsenpflanzen warnen einander vor Dürre
Omer Falik und sein Team von der Ben-Gurion-Universität in Be'er Scheva entzogen einer Reihe von Erbsenpflanzen das Wasser. Nach kurzer Zeit schlossen die Pflanzen ihre Spaltöffnungen in den Blättern, so dass weniger Wasser verdunsten konnte. Die Nachbarreihe erhielt genug Wasser. Doch auch diese Pflanzen schlossen zeitgleich mit den gestressten Erbsen ihre Spaltöffnungen. Die gestressten Pflanzen hatten ihre Nachbarinnen unterirdisch mit Signalstoffen gewarnt. So konnten sich diese quasi vorausschauend auf die Dürre vorbereiten, bevor diese überhaupt eintrat.[7]

Beispiel: Grasduft
Der herrliche Duft von geschnittenem Gras signalisiert anderen Pflanzen »Verletzung«.

Von Duftvokabeln und Zeichen

Günther Witzany

Auf Günther Witzany wurde ich durch seine wissenschaftlichen Artikel über Pflanzenkommunikation aufmerksam. Darin untersucht er die raffinierten Mechanismen, mit deren Hilfe sich Pflanzen verständigen können. Der studierte Philosoph und Sprachwissenschaftler hat eine Theorie der »Biokommunikation« entwickelt. Sie untersucht, wie Pflanzen, Zellen oder auch Gene miteinander kommunizieren. Er versteht das Leben als andauernden Kommunikationsprozess, und dazu bedarf es eines Systems von Zeichen. Es gibt riechbare, sichtbare, hörbare Zeichen ebenso wie chemische Botenstoffe, elektrische und mechanische Reize. Immer geht es um die Bedeutung und Interpretation solcher Zeichen.

Ich treffe Günther Witzany im ehrwürdigen Café Tomaselli, mitten in der Altstadt von Salzburg. Im ersten Stock des Cafés ist es ruhig, dort wartet er bereits auf mich, vor sich einen Hagebuttentee. Er begrüsst mich freundlich, sein schmales Gesicht ist braungebrannt.

Ich falle gleich mit der Tür ins Haus und frage ihn, was Kommunikation bedeutet. »Kommunikation ist ein komplexer Vorgang«, meint Günther Witzany. »Aus der Sprachwissenschaft wissen wir, dass Kommunikation nie bloss ein

Austausch von Zeichen oder Signalen ist. Nehmen wir als Beispiel eine Tomatenpflanze: Wenn sie von Raupen angegriffen wird, beginnt sie sich zu wehren und sendet gleichzeitig den Duftstoff Methyljasmonat aus. Versuche haben gezeigt, dass dieser Duftstoff auch die Nachbarinnen vor der drohenden Gefahr warnt. Doch eine solche Nachbartomate lebt inmitten einer vielfältigen Duftwolke. Wenn der Duftstoff Methyljasmonat neu dazukommt, muss sie ihn aus dem grossen Duftgemisch erkennen und von anderen unterscheiden können. Sie muss sodann interpretieren können, dass die Duftvokabel höchste Gefahr bedeutet. Erst jetzt ist sie gewarnt und beginnt, Stoffe zu produzieren, die ihre Blätter für die Raupen ungeniessbar machen.«

Kommunikation, fährt er fort, bedinge eine hochdifferenzierte Auseinandersetzung des Individuums mit seinen Partnern und der Umwelt. Dabei würden die Beteiligten einen Grundstock an Zeichen teilen, in deren Verwendung sich alle auskennen. Sie teilten auch einen Grundstock an Regeln, mit deren Hilfe die Vokabeln entziffert werden können.

»Für jede Kommunikation braucht es drei Arten von Regelebenen«, sagt Günther Witzany. »Als Erstes kommt die Syntax. Sie bestimmt die korrekte Reihenfolge der Zeichen. Sie enthält die Regeln, wie die Zeichen miteinander richtig kombiniert werden. Bei Buchstaben ist das ja auch wichtig: ›Wasser‹ verstehen wir, ›Awerss‹ hingegen nicht, da stimmt die Reihenfolge der Kombination nicht. Die zweite Ebene enthält pragmatische Regeln. Da spielt die unmittelbare Umgebung eines Individuums, seine konkrete Lebenssituation also, eine Rolle. Was ein Signal bedeutet, hängt immer auch von der Situation ab, in der es gebraucht wird.« Er nippt nachdenklich an seinem Tee und fährt fort: »Auf der dritten und letzten Ebene geht es um die Semantik: Was bedeutet ein bestimmtes Zeichen für einen Zeicheninterpreten? Was ist sein Sinn? Die Buchstabenreihenfolge W-a-s-s-e-r wird durch die Syntax festgelegt. Dank unserer Semantik wissen wir: Das bedeutet Wasser, die Flüssigkeit im Glas vor mir. Und die Tomatenpflanze interpretiert aufgrund ihrer semantischen Regeln, dass das Zeichen Methyljasmonat drohende Raupeninvasion bedeutet. In anderen Situationen, zu anderen Zeiten, kann Methyljasmonat andere Bedeutungen haben.«

Günther Witzany fügt gleich noch ein Beispiel dafür an, wie abhängig ein Zeichen von seiner Umgebung ist und wie es selbst innerhalb der gleichen Gruppe zu Missverständnissen führen kann. Der österreichische Bienenforscher Karl von Frisch hatte einmal einen Bienenstock vom Wolfgangsee mit einem italienischen Stock zusammengelegt. Da kam es zu Streit und hellem Aufruhr. Der Wissenschaftler wusste bald den Grund: Die in der Tanzsprache der Wolfgangsee-Bienen mitgeteilte Entfernung und Richtung einer guten Futterquelle bedeutete für die einheimischen Bienen 300 Meter, für die italienischen Bienen hingegen 500 Meter Entfernung. Nachdem diese dort nichts gefunden hatten und zurückgeflogen waren, reagierten sie aggressiv auf die »falsche« Mitteilung. Für die einheimischen Bienen war sie jedoch korrekt. »Die Äusserung – der Bienentanz also – war syntaktisch die gleiche, nur der Kontext, in dem die Bienenvölker die Bedeutung dieser Tanzzeichen konkret erlernt hatten, war ein anderer.«

Ich erzähle Günther Witzany von meinem Besuch bei Wilhelm Boland. Eine Pflanze, hatte der Jenaer Professor gemeint, sei im Wesentlichen eine Art Automat, der antworten und reagieren könne, eine Art programmiertes System, bei dem die Antworten schon eincodiert seien. Günther Witzany widerspricht vehement: »Ein Automat führt programmierte Schritte aus, die den Eindruck von Kommunikation erwecken. Doch über diese Programmierung hinaus funktioniert er nicht. Auf Unvorhergesehenes, auf Nichteinprogrammiertes also, kann er nicht reagieren. Das ist der zentrale Unterschied: Kommunikation ermöglicht es einer Pflanze, mit neuen, nichtberechenbaren Situationen umzugehen.« Er erklärt, dass Automaten nur die erste Ebene der Kommunikation, die Syntax also, beherrschten. »Doch die zwei anderen Ebenen sind *immer* mitbeteiligt. Wie findet die Pflanze das richtige Zeichen, wie erfasst sie dessen Sinn? Kommunikationsprozesse erfordern, dass die Partner einander ›zuhören‹, dass sie ›antworten‹ und ihre Aktivitäten koordinieren. Die Partner müssen ständig zwischen verschiedenen Möglichkeiten wählen und Entscheidungen treffen.«

Kommunikation, sagt er nach einer Pause, sei eine Form sozialen Handelns. Ohne Gemeinschaft gehe das nicht. Die Verwendung von Duftvokabeln, Zeichen, Codes, Regeln oder Sprachen sei keine Fähigkeit, die ein Individuum allein entwickeln oder nutzen könne. Sie werde nur als Kompetenz eines Gemeinschaftsgeschehens erworben, ein Gemeinschaftsgeschehen eigenständig handelnder Individuen also. Das spreche ebenfalls gegen die Vorstellung, Pflanzen seien Automaten. Automaten könnten auch ohne Umwelt existieren, Pflanzen nicht. Sie seien Gemeinschaftswesen, eingebunden in ein dynamisches Beziehungsgeflecht.

Und ganz zum Schluss unseres Gesprächs weist Günther Witzany auf die erstaunliche Tatsache hin, dass Pflanzen in der Evolution unglaublich erfolgreich waren und es immer noch sind: »Sie sind die jüngsten Lebewesen dieser Erde. Die ersten höheren Landpflanzen entstanden vor rund 400 Millionen Jahren. Etwa neunundneunzig Prozent der gesamten Biomasse bestehen heute aus Pflanzen, davon sind über achtzig Prozent Bäume. Sie sind mit Abstand die geschmeidigsten, die anpassungsfähigsten Lebewesen dieses Planeten. Ohne ein hochdifferenziertes Kommunikationssystem wäre das nie möglich gewesen.«

Beispiel: Auch Blütenduftstoffe dienen der Kommunikation

Blütenpflanzen verströmen auch Duftstoffe, um Insekten anzulocken, und belohnen sie mit süssem Nektar. Im Gegenzug bestäuben die Insekten die Pflanzen. Das pflanzliche Repertoire an Blütenduftstoffen ist riesig; bisher sind über 1700 Duftstoffkomponenten bekannt. Darunter finden sich so herrliche Blütendüfte wie diejenigen von Rosen oder Kirschenblüten, aber auch stinkende Gerüche von Pflanzen, die aas- oder kotliebende Insekten anziehen.

Darüber hinaus können Pflanzen ihre Blütendüfte auch benutzen, um zum Beispiel mehr Informationen über ihre Nachbarinnen zu erhalten: wann diese ihre Blüten öffnen, wie viel Nektar sie den Insekten anbieten. Sie können riechen, ob es eine Konkurrenz an Bestäubern gibt, und daraufhin mehr Duftstoffe produzieren –

ein solches gegenseitiges Belauschen, für das es viele Indizien gibt, wurde bisher aber kaum je untersucht.[8]

Wie wichtig die Bestäuber für die Pflanzen sind, zeigt eine neue grosse Studie, die in der renommierten Zeitschrift Science *erschienen ist. Fünfunddreissig Forscherinnen und Forscher haben auf 344 Feldern in Afrika, Lateinamerika und Asien untersucht, wie sich die Anzahl und die Vielfalt der bestäubenden Insekten auf den Ertrag der Kulturen auswirken. Ihr Fazit: Es spielt eine sehr grosse Rolle. Je mehr bestäubende Insekten und je grösser ihre Vielfalt, desto höher die Erträge der Pflanzen. Blumenstreifen, Hecken, mehr Nistplätze oder benachbarte Wildhabitate können den Ertrag speziell von kleinen Flächen im Durchschnitt um vierundzwanzig Prozent erhöhen. Die »Blumenbesucherdichte« ist aber gemäss neuen Studien zunehmend gefährdet – und sie wurde bisher in der Wissenschaft komplett vernachlässigt.*[9]

Beispiel: Eine Waldhyazinthe riecht nach menschlichem Körper

Viele Orchideen sind Meisterinnen der Täuschung. Um Bestäuberinsekten anzulocken, finden sie viele Strategien, und nicht selten offerieren die Blumen ihren Insekten gar keinen süssen Nektar. Einige Orchideen locken Insektenmännchen mit dem Sexualduftstoff ihrer Weibchen an. Andere ahmen die Gestalt und den Geruch von Insektenweibchen nach. Wiederum andere riechen nach faulem Fleisch. Ganz raffiniert ist die Nordamerikanische Waldhyazinthe (Platanthera obtusata): *Sie sendet einen Duft aus, der nach Schweiss und menschlichem Körper riecht. Ihr Ziel: die Tigermücke, die für gewöhnlich Menschen aufsucht und sich von deren Blut ernährt, zu ihrer Bestäubung anzulocken.*[10]

Der wehrhafte Kojotentabak

Die frappante Vielzahl an Abwehrstrategien, über die Pflanzen verfügen, zeigt der wilde Kojotentabak besonders eindrücklich. Er wird seit vielen Jahren von einer Gruppe um Ian Baldwin vom Max-Planck-Institut für chemische Ökologie in Jena untersucht, dort, wo auch Wilhelm Boland seine Forschung betreibt.

Über hundert Jahre kann der Samen des Kojotentabaks *(Nicotiana attenuata)* im Boden des Grossen Beckens im Westen der Vereinigten Staaten überdauern, bis ein Buschbrand die Wüste in eine schwarzverdorrte Gegend verwandelt. Dann beginnt der Kojotentabak zu keimen – der Geruch von Rauch ist für den Samen das Startsignal. Wenn die jungen Pflänzlein zu spriessen beginnen, gibt es kaum andere Pflanzen in der Umgebung, was ein grosser Vorteil ist. Doch sehr schnell fallen viele Schadinsekten über sie her: Raupen, Käfer, Heuschrecken, winzige Weichwanzen, Blattkäfer, Erdflöhe und andere. Wie können die Pflanzen trotzdem überleben? *Nicotiana attenuata* muss ganz besonders wehrhaft und flexibel sein, will er dieses Heer an Frassfeinden abwehren; nach der meist jahrzehntelangen Ruheperiode seiner Samen sind neue Schädlinge entstanden, andere haben sich verändert. Der Keimling kann nicht wissen, welcher Feind darauf wartet, ihn zu fressen. Er benötigt vor allem ein ausgeprägtes Kommunikationsvermögen: die Fähigkeit zum Beispiel, unterschiedlichste Verbündete zu Hilfe zu rufen.

Der Forschungsplatz von Ian Baldwins Gruppe ist die Wüste selbst, kombiniert mit Laboruntersuchungen in Jena und den USA. Schon zu Beginn beobachtete das Team, dass tabakblätterfressende Insekten nach drei Stunden plötzlich aufhörten und weiterzogen. Die Forscher froren daraufhin angeknabberte Blätter ein und schickten sie nach Jena zur Untersuchung. Dort wurden sie pulverisiert, gereinigt und anschliessend chromatographisch untersucht: Die Tabakblätter enthielten Nikotin in einer erstaunlich hohen Konzentration, bis zu zehn Milligramm pro Blatt, also etwa so viel, wie in einer Zigarette steckt – bei deren Verzehr einem Menschen sofort übel würde. Der Kojotentabak, fanden die Forscher heraus, erkennt seine Frassfeinde an ihrem Speichel und vertreibt sie, indem er sofort eine grosse Menge an Nikotin produziert.

Und das geht so: In die Bisswunde eintropfender Speichel verrät die Angreifer wegen spezifischer Moleküle, die in ihm enthalten sind. Das löst bei der Pflanze eine Kaskade von verschiedenen Verteidigungsreaktionen aus. Nach fünf bis zehn Minuten verteilt sich das Wundhormon Jasmonsäure im ganzen Blatt, nach dreissig Minuten in der gesamten Pflanze bis zu den Wurzeln. Das Hormon ist das interne Alarmsignal, das eine Reihe von chemischen Notreaktionen in Gang setzt: Zuerst strömt ein Duftstoffcocktail aus der Blattwunde und wird vom Wind kilometerweit getragen. Dieser erste Hilferuf der Pflanze lockt Helfer herbei – und er warnt die Nachbarinnen vor der drohenden Gefahr, so dass auch sie sich für einen Angriff vorbereiten können. Dann beginnt die Tabakpflanze in grossen Mengen Nikotin herzustellen – nach ein paar Stunden ist sie für ihre Feinde ungeniessbar.

Doch es gibt eine Ausnahme: Dem Tabakschwärmer *(Manduca sexta)* kann Nikotin nichts anhaben. Ihn verbindet mit dem Kojotentabak zudem eine enge Symbiose. Das nachtaktive Insekt sucht bei Dämmerung Tabakpflanzen auf, um Nektar zu trinken. Dabei bestäubt es die Pflanze. Wenig später klebt es seine kleinen Eier an die Blattunterseite. Daraus schlüpfen bald Raupen, die – so nehmen die Forscher an – das Nikotin mit einer speziellen Vorrichtung sofort ausscheiden können. Die gefrässigen Raupen fressen jeden Tag mehr Blattgewebe, als sie selber wiegen. Der Kojotentabak wiederum erkennt den Tabakschwärmer an dessen Speichel und wechselt seine Verteidigungsstrategie: Er drosselt die Nikotinproduktion, sie wäre reine Energieverschwendung. Stattdessen produziert er ein Protein, das die Verdauung der Tabakschwärmer-Raupe beeinträchtigt. Und er sen-

Tabakschwärmer-Raupen

det spezielle Duftstoffe als »SOS-Signale« aus, die gleich zwei Alliierte anlocken: dunkle Raubwanzen der Gattung *Geocoris,* welche die Tabakschwärmer-Raupen aussaugen, und Schlupfwespen der Gattung *Cotesia,* die ihre Eier in die Raupen legen und sie alsbald zerstören. Erstaunlich ist auch, dass die Pflanze ganz gezielt nur auf den Speichel des Tabakschwärmers auf diese Weise reagiert. Versuche mit dem Speichel nahverwandter Eulenfalterarten provozierten deutlich geringere Effekte.

Und es gibt noch eine andere Abwehrstrategie: Die wilden Tabakpflanzen bieten den Raupen in den feinen Blatthaaren einen süssen, zuckrigen Nektar an. Den trinken die Raupen gern. Als Verdauungsprodukt entstehen anschliessend bestimmte aliphatische Säuren, die sie mit dem Kot ausscheiden. Den Geruch dieser Gase nehmen Ameisen *(Pogonomyrmex rugosus)* wahr, sie kommen und finden eine reiche Beute vor. Der Tabak stellt also den gefährlichen Raupen einen verlockenden Zuckersirup zur Verfügung, um sie an ihren Feind zu verraten. Das alles muss sehr schnell gehen, denn ist die Raupe einmal zu gross, kann es zu spät sein.

Das bedingt auch, dass sich *Nicotiana attenuata* ständig informiert, was in der Nachbarschaft abläuft. Sie muss die sie umgebenden Duftstoffe analysieren und merken, wenn die Nachbarin eine Gefahr meldet, um sich selbst in Alarmbereitschaft versetzen zu können. Tabakpflanzen, so hat das Team um Ian Baldwin herausgefunden, verstehen auch die Notrufe anderer, nichtverwandter Pflanzen: So testeten sie eine Tabakpflanze im Windschatten eines Wüstenbeifusses. Wurde dieser verletzt, begann sich auch der Tabak für die Abwehr vorzubereiten; er hatte den Wüstenbeifuss belauscht und dessen Botschaft verstanden.

Ian Baldwin und seine Gruppe testeten in einem Feldversuch auch, wie wichtig die Kommunikation für das Überleben der Pflanzen ist. Dafür züchteten sie Tabakpflanzen, denen die Gene zur Entschlüsselung der chemischen Signale fehlten. Sie verfügten also quasi über keinen Geruchssinn. Diese setzten sie zwischen wildwachsende Tabakpflanzen. Innerhalb weniger Tage wurden die »tauben« Pflanzen förmlich von Schädlingen überfallen.[11]

Ein Problem bleibt: Ist die Tabakschwärmer-Raupe erst einmal vertrieben, muss der Kojotentabak einen anderen Bestäuber suchen. Da verfolgen die angefressenen Pflanzen eine aussergewöhnliche Strategie: Statt wie üblich in der Dämmerung blühen sie nun am Tage. Zudem verströmen sie deutlich weniger Blütendüfte, enthalten weniger Nektar und öffnen ihre Blüten nur zur Hälfte: Für die Tabakschwärmer-Raupen werden sie buchstäblich unsichtbar. Doch ein neuer Bestäuber interessiert sich nun für den Tabak: Der kleine, tagaktive Kolibri trinkt mit seinem Schnabel aus dem weissen Blütenkelch und übernimmt auf diese Weise die Bestäubung. Nur: Kolibris bleiben gern in der Nähe ihrer Nester, was für den Tabak ungünstig ist, denn er ist auf eine weite Verbreitung seines Pollens angewiesen. Dic Pflanze wendet nun einen anderen Trick an: Sie mischt etwas Nikotin in den Nektar. So verbleiben die anfliegenden Kolibris wegen des bitteren Geschmacks des Nektars nicht unnötig lange auf einer Blüte und versuchen es immer wieder an verschiedenen Blüten – auf diese Weise steigern sie unfreiwillig die Pollenübertragung. Die Pflanze kann also Aroma und Quantität des Nektars – und damit das Verhalten der Kolibris – genau steuern.[12]

Beispiel: Wilde Tomaten produzieren viel mehr Abwehrstoffe als gezüchtete Tomaten

*Wilde Tomaten (*Lycopersicon esculentum *var.* cerasiforme*) enthalten 166-mal mehr Tomatin als die modernen süssfruchtigen Pflanzen. Tomatin ist ein Glycoalkaloid mit antibiotischer Wirkung gegen pathogene Pilze. Es wirkt sich auch auf unsere Gesundheit positiv aus.*[13]

Beispiel: Pflanzen furzen ihre Feinde an

Eine bisher unentdeckte Verteidigungsstrategie von Pflanzen hat eine Gruppe um Rabi Musah von der Universität Albany, New York, bei Mimosen entdeckt: Deren Wurzeln stossen bei Berührung einen nach einem Furz stinkenden Cocktail aus Schwefelverbindungen aus. Winzige haarähnliche Beutel an der Wurzel sind dafür verantwortlich. Dabei könne schon ein kleiner Mimosenkeimling einen ganzen Raum mit diesem Gestank füllen, meint Rabi Musah. Interessant ist: Eine Berührung mit dem Finger löst die Abwehrstrategie aus, doch die Wurzeln reagieren nie auf den Kontakt mit Glas oder Metall. Die Pflanze kann also selektiv reagieren. Wie sie diese Unterscheidung trifft, ist nicht bekannt.[14]

Beispiel: Ein Meerträubel wartet auf den Vollmond

Der Meerträubelstrauch (Ephedra foeminea) *sondert nachts winzige Tropfen einer zuckrigen Lösung ab, um nachtaktive Befruchterinsekten anzulocken – doch nur wenn Vollmond ist. Dann glitzerten die vielen Tröpfchen wie Diamanten im Mondlicht, ein Spektakel auch für das menschliche Auge, schreiben Catarina Rydin und Kristina Bolinder von der Universität Stockholm. Das ziehe wahrscheinlich die Insekten an.*[15]

Die fruchtbare Oase im Wurzelstock

Pflanzen kommunizieren nicht nur über dem Boden mit ihresgleichen und mit vielen anderen Lebewesen, auch unter dem Boden tun sie das. Speziell im eigenen Wurzelbereich geschieht unglaublich viel.

In ihrem Wurzelstock kreieren Pflanzen eine nährstoffreiche Oase. Durch die Wurzeln schwitzen sie eine Vielzahl von Nährstoffen aus: Zuckerverbindungen, Aminosäuren, organische Säuren, Enzyme, verschiedene Botenstoffe. Damit ernähren sie unzählige, verschiedenartige Lebewesen: Pilze, Bakterien oder Viren. »Im Austausch helfen diese der Pflanze, Stickstoff und andere Nährstoffe aus dem Boden zu gewinnen, sie machen Pflanzen resistenter gegen Krankheiten, Hitze, Überflutungen und Dürre, sie fördern das Wurzelwachstum, sie neutralisieren giftige Substanzen in der Erde, und sie zersetzen Krankheitserreger und Schädlinge. Mikroben und Pflanzen sind intime Partner in quasi jedem Lebensprozess, und das seit vielen Millionen Jahren«, schreiben Ann Reid, ehemalige Direktorin der American Academy for Microbiology, und Shannon E. Greene.[16]

Die Pflanzen lassen sich die Kooperation mit den Bodenlebewesen etwas kosten: Es gibt unter ihnen solche, die bis zu siebzig Prozent aller selbstproduzierten Zuckerverbindungen an die Mitbewohner im Boden abgeben. Weizen und Gerste investieren zwanzig bis dreissig Prozent in das unterirdische Netzwerk. Man kann also sagen, dass Pflanzen diese Kleinstlebewesen im Wurzelbereich regelrecht füttern.

Wie wichtig dieses Zusammenleben tatsächlich ist, zeigen Versuche von Russell J. Rodriguez und seinem Team von der Universität von Washington in Seattle.[17] Die Forscher untersuchten ein seltenes Gras *(Dichanthelium lanuginosum),* das bei siebzig Grad Celsius in den heissen Quellen des Yellowstone-Nationalparks wächst. Sie entfernten die Pilze, die im Innern des Grases leben. Das erstaunliche Resultat: Ohne diese Pilze ertrug das Gras die Hitze nicht mehr, es starb sofort ab. Dann isolierten die Forscher die Sporen des Pilzes und sprühten sie auf Weizensamen – Weizen wächst normalerweise nur bis achtunddreissig Grad Celsius. Mit den Pilzsporen gediehen die Weizenpflanzen sogar bei siebzig Grad und verbrauchten zudem weniger Wasser.

Andere Kleinstlebewesen im Boden helfen Pflanzen, salzhaltige Böden zu ertragen. Werden Pilze aus dem Wurzelbereich des salzliebenden Dünengrases *Leymus mollis* auf Reispflanzen gesprüht, können diese ebenfalls auf salzhaltigen Böden gedeihen. Sie werden sogar viel grösser und brauchen halb so viel Wasser wie normale Reispflanzen. Auch Dürre oder Kälte überleben Pflanzen meistens nur dank der Hilfe ihrer Mitbewohner unter der Erde.[18,19]

Ann Reid und Shannon E. Greene fassen zusammen: »Wir sind überzeugt, dass die Optimierung mikrobieller Gemeinschaften bei Pflanzen einen gänzlich neuen Weg eröffnet, um die Produktivität zu erhöhen und gleichzeitig den Bedarf an Düngemitteln und Pestiziden zu reduzieren. Ein solcher Ansatz ist das Gegenteil dessen, was bisher üblich war. Man bekämpfte die Mikroben in der irrigen Meinung, dass sie alle Krankheiten verursachen. Mit weniger

Ressourcen mehr Nahrung produzieren: Das klingt fast zu gut, um wahr zu sein, doch die Bauern dieser Welt haben Billionen potentieller Partner, die ihnen helfen können, dieses Ziel zu erreichen. Die Partner sind Mikroben.«

Viel wissen wir noch nicht über diese unsichtbaren, hochdynamischen Netzsysteme im Wurzelbereich, da ist noch mehr Forschung nötig. So sind überhaupt erst zwei Prozent aller Bodenmikroorganismen bekannt. Der Wurzelbereich ist Terra incognita. »Über die Bewegung himmlischer Körper wissen wir mehr als über den Boden unter unseren Füssen«, schrieb Leonardo da Vinci vor rund 500 Jahren. Das hat sich seither kaum geändert.

Wir verstehen zum Beispiel erst in Ansätzen, wie die erstaunliche Zusammenarbeit zwischen den Pflanzenwurzeln und den Millionen von Kleinstlebewesen funktioniert. Die Pflanze muss sich irgendwie mit ihnen verständigen können, um ihr Verhalten zu koordinieren. Dazu benutzt sie in Wasser gelöste Duftstoffe. Noch sind erst ganz wenige Beispiele dieses »molekularen Dialogs« zwischen den Pflanzenwurzeln und ihren winzigen Mitbewohnern bekannt.

Eine Pflanze besteht aus einer Gemeinschaft mit Millionen Pilzen, Bakterien, Viren und anderen Lebewesen im Wurzelbereich. Man könnte sagen: Eine Pflanze ist Viele.

Beispiel: Koevolution zwischen Akazien, Giraffen und Ameisen oder: Warum es wichtig ist, gefressen zu werden

Akazien haben noch eine weitere Abwehrstrategie gegen Giraffen und andere Frassfeinde: Sie produzieren zwischen Stängel und

Dornen kleine, zuckerreiche Nektartröpfchen (sogenannten extrafloralen Nektar), mit denen sie Ameisen anlocken. Sie lassen dann bestimmte Dornen anschwellen, um die Ameisen zu beherbergen. Diese sind gute Verbündete: Sie greifen alle Schädlinge an, seien dies Insekten oder Säugetiere.

Forscher um Todd M. Palmer von der Universität von Florida in Gainesville schützten in einem Dauerexperiment 1700 Akazien durch einen hohen Zaun vor Giraffen und anderen grösseren Pflanzenfressern. Erwartet wurde, dass die Bäume in Abwesenheit der Giraffen besser gedeihen – doch das Gegenteil passierte: Die Akazien wuchsen schlechter und waren kränker. Grund: Da die Giraffen nicht mehr an den Akazien fressen konnten, bildeten diese weniger Dornen und weniger Nektar für die Ameisen. Daraufhin kamen die Ameisen nicht mehr. In der Folge wurden die Bäume stärker von anderen Schädlingen, zum Beispiel dem Borkenkäfer, befallen und wuchsen wesentlich langsamer und schlechter.[20]

Die Ausrottung eines Tieres kann einen Dominoeffekt auf viele weitere Lebewesen haben: ein Beispiel für Koevolution – dafür also, wie zwei Arten aufeinander angewiesen sind – oder warum es wichtig ist, gefressen zu werden.

Beispiel: 622 Kilometer lange Wurzeln:
das Wurzelsystem einer vier Monate alten Roggenpflanze

- *Wurzeloberfläche insgesamt (mit Wurzelhaaren): 639 m²*
- *davon Wurzelhaare: 402 m²*
- *Gesamtlänge des Wurzelsystems (ohne Wurzelhaare): 622 km*
- *Länge der Wurzelhaare insgesamt: 10 620 km*

- *Wachstum des Wurzelsystems pro Tag (Mittel, ohne Wurzelhaare): 4,99 km*
- *Wachstum der Wurzelhaare pro Tag: 89 km*[21]

Pflanzen riechen, schmecken, sehen, tasten. Und eventuell hören sie auch

Kooperation, Kommunikation, Vernetzung – das allein genügt nicht. Eine Pflanze muss auch fähig sein, ihre Umwelt sehr nuanciert und detailliert wahrzunehmen, um zu überleben. Eine Tomatenpflanze muss zum Beispiel wissen, wann sie von Raupen befallen wird, eine Buche, wann und wie stark der Wind an ihr rüttelt, ein Apfelbaum, wann er zu blühen beginnen soll, oder eine Rebe, wie sie dem Schatten ihrer Nachbarin entgehen kann. Pflanzen nehmen etwa zwanzig verschiedene Umweltsignale wahr, mehr als wir Menschen. Offenbar können sich Pflanzen wie Vögel an Magnetfeldern orientieren. Sie benutzen elektrische Felder zur Orientierung. Auch riechen, schmecken, sehen, tasten und vielleicht sogar hören können sie, wie wir Menschen.[22] Der Zellbiologe Dieter Volkmann (siehe auch Seiten 95ff.) erzählte mir, er habe das bereits vor zwanzig Jahren in einem Interview gesagt und damals einen Riesenaufruhr provoziert. Doch inzwischen sei vieles bestätigt worden.

Riechen und schmecken

Pflanzen *riechen* Duftstoffe und gebrauchen diese für rege Konversationen; sie *schmecken* am Speichel, welcher Frassfeind gerade an ihren Blättern frisst (siehe die Kapitel »Die Limabohne kommuniziert – aber wie?«, »Von Duftvokabeln und Zeichen« und »Der wehrhafte Kojotentabak«).

Sehen

Auch Licht *sehen* Pflanzen differenziert. Sie messen die Stärke und die Qualität des Lichts und regulieren damit viele der wichtigsten Stoffwechselvorgänge, wie Keimung, Wachstumsrichtung oder Blattentwicklung. Doch sehen ist nicht gleich sehen. Wir Menschen sehen, weil auf unserer Netzhaut fünf verschiedene Photorezeptoren vorhanden sind – drei Zapfen für unterschiedliche Farben des Lichts, ein Stäbchen für Hell-dunkel-Unterscheidungen und photosensitive Ganglienzellen. Sie wandeln die Lichtimpulse in elektrische Reize und leiten diese an Nervenzellen weiter, die sie ins Gehirn führen. Dort werden die Millionen Signale zu einem Bild zusammengesetzt.

Pflanzen können Licht sogar noch differenzierter wahrnehmen als wir Menschen; sie besitzen dazu nicht fünf verschiedene Photorezeptoren wie wir, sondern elf, also mehr als doppelt so viele! »Pflanzen überwachen ständig ihre Umgebung. Sie sehen es, wenn Sie in ihre Nähe kommen, und wissen, wann Sie sich über sie beugen. Sie wissen sogar, ob Sie ein blaues oder ein rotes Hemd anhaben«, schreibt der renommierte Biologe Daniel Chamovitz.[23] Natürlich könnten sie keine Bilder sehen und keine Personen erkennen. Denn die Lichtsignale werden nicht in Bilder übersetzt, sondern in unterschiedliche Wachstumsreize; die Pflanze vermeidet vielleicht einen Schatten, öffnet ihre Blüte, wächst dem Licht entgegen. Sie sieht es, wenn zu viele schädliche UV-Strahlen eintreffen, und produziert Pigmente, die sie davor schützen – wie eine Art interne Sonnenschutzcreme.

Spüren

Pflanzen *spüren* Berührungen. Wir alle kennen die Mimose, deren Blätter beim geringsten Kontakt zusammenklappen. Die Ranken vieler Kletterpflanzen sind sogar berührungsempfindlicher als unsere Haut. So reagiert die Ranke der Rotfrüchtigen Zaunrübe *(Bryonia dioica)* noch auf das Streicheln mit einem Faden, der bloss 0,00025 Gramm wiegt. Die menschliche Haut reagiert darauf gar nicht mehr.[24]

Hören

Können Pflanzen auch *hören,* also Vibrationen (Frequenzen) wahrnehmen?

2011 besuchte ich mit der Wissenschaftsjournalistin Denise Battaglia den Weinbauern Giancarlo Cignozzi in der Toskana. Die Hälfte seiner Reben »hört« seit nunmehr fünfzehn Jahren Mozart-Klänge, von neun Uhr morgens bis neun Uhr abends. Cignozzi sagte, dass seine beschallten Reben schneller wüchsen und besseren Wein ergäben. Stefano Mancuso von der Universität Florenz, der das Experiment begleitet, bestätigte: Pflanzen nehmen Schallvibrationen wahr. Er führte uns ein Zeitraffervideo aus seinem Labor vor, das zeigt, wie die Wurzeln junger Maispflanzen auf eine Schallquelle mit tiefen Frequenzen (200 bis

Lautsprecher im Weinberg

Stefano Mancuso mit Maiswurzel

500 Hertz) hin wachsen. Das Umgekehrte passiert bei hohen Tönen mit Frequenzen von über 1000 Hertz: Die Wurzeln wachsen von der Schallquelle weg. Mancuso betonte aber, dass Pflanzen nicht Musik wahrnähmen, sondern allein die durch die Töne ausgelösten Vibrationen oder Schallwellen erfassten. Vielleicht ist das gar nicht so aussergewöhnlich: Wir Menschen nehmen tiefe und laute Basstöne im Bauch wahr, so wie Berührungen. Pflanzen, die selbst kleinste Berührungen wahrnehmen, können deshalb auch gewisse Schallvibrationen registrieren. Stefano Mancuso vermutet, dass Pflanzen, die im Boden ständig von Vibrationen umgeben sind, diese nutzen könnten, um etwas über Qualität und Bodenbeschaffenheit zu erfahren, zum Beispiel ob Wasser vorhanden ist oder sich ein Stein in der Nähe befindet.[25]

Erstaunlicher ist ein Experiment von Heidi Appel und ihrer Gruppe von der Universität von Missouri in Columbia. Die Forscherin ist überzeugt, dass Pflanzen Schallwellen nicht nur wahrnehmen, sondern auch interpretieren können. Ihr Team hat das Geräusch von blätterkauenden Raupen auf Tonband aufgenommen und einer Ackerschmalwand *(Arabidopsis thaliana)* vorgespielt. Diese begann Abwehrchemikalien zu produzieren. Bei einem zweiten Mal stellte die Pflanze die Toxine schneller und in höheren Konzentrationen her – obwohl nie eine Raupe an ihrem Blatt frass. Hat die Pflanze nun einfach generell Vibrationen wahrgenommen und sich prophylaktisch zu wehren begonnen, oder hat sie spezifisch die Raupen an ihren Frassgeräuschen erkannt? Um das zu prüfen, bekam die Pflanze zuerst Windgeräusche (andere Frequenzen) und anschliessend Heuschreckengesänge (ähnliche Frequenzen, anderer Rhythmus) zu hören. Beide Male reagierte sie nicht. Offenbar konnte die Pflanze das Kaugeräusch ihrer Frassfeinde wahrnehmen, richtig interpretieren und gezielt darauf reagieren, indem sie ihre Abwehrenzyme und -gene aktiviert hatte.[26] Wie sie dies bewerkstelligt, wissen wir nicht. Vieles ist noch offen, weitere Forschung ist nötig.

Beispiel: Tomatenzellen schmecken die Anwesenheit von Pilzen und Bakterien

Wenn Pilze oder Bakterien eine Tomatenzelle bedrohen, schmeckt die Tomatenzelle die Eindringlinge sehr schnell. Bei Pilzen ist es ein Chitinfragment, das die Tomatenzelle erkennt und das sie in Alarmbereitschaft versetzt, bei Bakterien das Flagellinmolekül. Die Zelle beginnt sich zu wehren: Diese pflanzliche Immunabwehr ist der Tieren und Menschen angeborenen Immunabwehr sehr ähnlich.[27,28]

Beispiel: Der Teufelszwirn riecht die Tomate

Der Teufelszwirn (Cuscuta) *ist ein Profiteur. Er produziert keine eigenen Nährstoffe und bildet keine Wurzeln aus. Vielmehr schma-*

rotzt er bei anderen Pflanzen. Seine Opfer sucht er gezielt aus. Hat er eines entdeckt, umwindet er die Pflanze mit seinem dünnen Stängel, dringt mit seinen Saugnäpfchen in sie ein und nimmt ihren zuckerreichen Saft auf. Doch wie findet der Teufelszwirn die beste, die saftigste Wirtspflanze? Er erkennt sein Opfer an dessen Geruch. Gleich nach der Keimung bewegt sich sein fadenartiger weisslicher Stängel auf der Suche nach einem Wirt schlangenartig durch die Luft. Der Teufelszwirn riecht, ob vor ihm ein unattraktiver Weizenhalm oder eine begehrte Tomate steht. Doch selbst bei der Tomate ist er noch wählerisch: Verletzte oder kranke Tomaten verschmäht der Teufelszwirn; er ist fähig, die Duftstoffe verletzter Tomaten zu entschlüsseln, und sucht sich nur gesunde und kräftige Pflanzen. Hat er erst einmal sein knackiges Opfer erschnüffelt, wächst er schnell und mit erstaunlicher Präzision darauf zu.[29]

Susan Dudley

Bisher galt als selbstverständlich, dass bloss Menschen und gewisse Tiere ein soziales Verhalten an den Tag legen, sicher nicht Pflanzen. Die Evolutionsökologin Susan Dudley von der McMaster-Universität in Hamilton, Ontario, ist da anderer Meinung. Ein sozial agierendes Lebewesen zeichne sich unter anderem dadurch aus, dass es seinen Platz in der Gemeinschaft kenne, sagt sie, und das Springkraut *(Impatiens pallida)* sei dazu fähig. Es erkenne, ob neben ihm nahe Verwandte oder Fremde derselben Art wüchsen.[30]

In einem via *Skype* geführten Interview erzählte mir Susan Dudley 2011 von ihren Experimenten.

Sie sagen, dass Pflanzen ihre Geschwister erkennen können.

»Das konnten wir anhand von Experimenten mit dem Springkraut zeigen. Diese Pflanze kommt sowohl in Wäldern in Kanada wie auch in Europa häufig vor. Wir haben zweimal vier Setzlinge nahe beieinander in je einen Topf gesetzt. Die vier Setzlinge im einen Topf waren nicht miteinander verwandt, wir nannten sie die ›Fremden‹. Die vier Setzlinge im zweiten Topf stammten alle von derselben Mutterpflanze ab, waren also Geschwister. Wir nannten sie die ›Verwandten‹. Wir konnten beobachten, dass ein Springkraut, das neben ›Fremden‹ aufwächst, seine Wurzeln sehr schnell wachsen lässt. Wächst das Springkraut hingegen neben ›Verwandten‹ auf, investiert es weniger Energie in das Wurzelwachstum, es geht viel langsamer voran.«

Pflanzen nehmen tatsächlich Rücksicht auf »Verwandte« und kämpfen gegen »Fremde«?

»Ja. Interessant war, dass wir diese unterschiedlichen Effekte nur beobachten konnten, wenn die Wurzeln sich berührten. Wuchsen die Pflanzen zwar nahe beieinander, aber in getrennten Töpfen, konnten wir keine Unterschiede feststellen. Es muss also eine Art Kommunikation zwischen den Wurzeln stattgefunden haben. Wurzeln, das wissen wir seit einiger Zeit, scheiden Signalstoffe aus, um miteinander zu kommunizieren.«

Kennt man das Vokabular, das Pflanzenwurzeln für ihre Untergrundkommunikation verwenden? Wissen Sie, anhand welcher Signalstoffe sie einander erkennen?

»Nein, das wissen wir noch nicht. Pflanzenwurzeln sondern sehr viele Signalstoffe in ihre Umgebung ab, wie Phenole, Flavonoide, auch organische Säuren oder gar Proteine. Für uns sind die Signalstoffe wie eine Fremdsprache. Wir können zwar erkennen, dass Pflanzen miteinander kommunizieren, verstehen aber ihre Sprache nicht, können sie nicht entziffern. Es ist vergleichbar mit meiner Situation in Taiwan, wo ich zurzeit für ein paar Monate forsche. Um mich herum gibt es unzählige Informationen, die ich nicht entschlüsseln kann, weil ich kaum ein chinesisches Wort kenne. Auch bei den Pflanzen kenne ich die Zeichen nicht. Im Moment wissen wir erst, dass die Signalstoffe wasserlöslich und flüssig sind.«

Könnten Ihre Beobachtungen mit dem Springkraut nicht auch Zufall sein? Die Zusammensetzung der Topferde oder andere Umweltfaktoren haben vielleicht diese Unterschiede verursacht.

»Gerade solche Effekte wollten wir mit einem zweiten Versuch ausschliessen. Dazu benutzten wir wildwachsende Ackerschmalwand. Wir kultivierten die Pflanzensetzlinge in Gefässen mit einer sterilen Lösung. Wir wussten, dass die Wurzeln der Ackerschmalwand chemische Signalstoffe in diese Lösung abgeben. Nach sieben Tagen nahmen wir die Setzlinge heraus. In die einen Gefässe setzten wir dann ›Verwandte‹ der Ackerschmalwand, in die anderen Gefässe ›Fremde‹. Alles, was die ›Verwandten‹ und die ›Fremden‹ in der Flüssigkeit vorfanden, waren die Signalstoffe der Vorgängerpflanze. Erneut konnten wir signifikante Unterschiede beobachten: Die Wurzeln der ›Verwandten‹ verzweigten sich nicht, sie wuchsen nach unten, in die Länge. Die Wurzeln der ›Fremden‹ wuchsen schneller und entwickelten viele Seitenwurzeln, als ob sie sich gegen Konkurrenten durchsetzen müssten. Es scheint, als ob diese Pflanzen kompetitiv werden, sobald sie die fremden Signale erkennen. Sie versuchen, Mineralstoffe und Wasser von ihren fremden Nachbarn zu ergattern.«

Können alle Pflanzen ihre Familienmitglieder erkennen?

»Das wissen wir nicht. Vieles deutet darauf hin, dass Pflanzen ganz unterschiedlich reagieren können. Einige investieren mehr ins Wurzelwachstum, wenn ›Fremde‹ mit im Topf sind, wie wir gesehen haben. Andere reagieren genau umgekehrt: Sie lassen mehr Wurzeln wachsen, wenn ›Verwandte‹ mit im Topf sind. Wieder andere zeigen Wachstumsveränderungen über dem Boden. Der Punkt ist aber:

Diese Pflanzen erkennen genau, wer neben ihnen wächst. Es ist ein hochkomplexes und differenziertes Verhalten, wir wissen erst sehr wenig darüber.«[31]

Andere Pflanzen »wissen«, ob neben ihnen arteigene oder artfremde wachsen, und verhalten sich jeweils anders. Amanda Broz von der Colorado State University in Fort Collins zog in einem Gewächshaus eine Gefleckte Flockenblume *(Centaurea maculosa)* auf – einmal allein, einmal zusammen mit Idaho-Schwingel *(Festuca idahoensis)*.[32] Dann simulierte die Forscherin mit Duftstoffen einen Schädlingsangriff. Die Antwort der Flockenblume auf die Attacke hing von ihrer Nachbarschaft ab: Bestand sie ebenfalls aus Flockenblumen, produzierte sie in den Blättern Toxine zur Abwehr. Befand sie sich jedoch inmitten von Idaho-Schwingel, investierte sie ihre Energie stattdessen in das Blatt- und Stängelwachstum und nicht in die Herstellung von Toxinen. Das sei durchaus sinnvoll, schreibt Broz: Inmitten von Idaho-Schwingel überlasse die Flockenblume die Abwehr dem Nachbarn und konzentriere sich auf aggressives Wachstum. Diese Strategie erkläre vermutlich auch ihre erfolgreiche Verbreitung.

Pflanzen schwitzen eine grosse Anzahl gelöster Signalstoffe durch ihre Wurzeln aus. Diese enthalten auch Informationen darüber, »wer sie sind«. Ihre Nachbarinnen können diese Signale erkennen, richtig interpretieren und als Folge komplexe Verhaltensweisen auslösen.[33] Pflanzen kennen demnach ihren Platz in der Pflanzengemeinschaft; sie »wissen«, wer nahe verwandt oder wer von derselben Art ist; Pflanzen haben also ein Sozialleben.

Unter Tierpsychologen findet eine lebhafte Diskussion darüber statt, ob und, wenn ja, welche Tiere ein Bewusstsein haben. Um von Bewusstsein sprechen zu können, müssen verschiedene Kriterien erfüllt sein. Eines davon ist, dass ein Tier seinen Platz in der Tiergemeinschaft kennt. Vergleichbares können offenbar auch Pflanzen. Ich behaupte nicht, dass Pflanzen ein Bewusstsein haben – das wissen wir nicht. Doch uns sind die wissenschaftlichen Argumente abhandengekommen, dies den Pflanzen kategorisch abzusprechen.

Beispiel: Hängebirke mit Rhododendron-Geruch
Ein fast unglaubliches Zusammenspiel zweier ganz unterschiedlicher Pflanzenarten konnte Jarmo Holopainen von der Universität von Ostfinnland in Kuopio beobachten: Hängebirkenwälder in nordskandinavischen Berggebieten werden im Herbst oft von Schwärmen von Rüsselkäfern (Polydrusus flavipes) *heimgesucht. Holopainens Gruppe beobachtete, dass sich einige dieser Hängebirken* (Betula pendula) *besonders gut gegen die Insekten zur Wehr setzen können, und zwar dann, wenn in ihrer Nachbarschaft ein Rhododendron* (Rhododendron tomentosum) *wächst. Die Forscher stellten fest, dass diese besonders wehrhaften Hängebirken ein klebriges Gemisch aus chemischen Duftstoffmolekülen absondern. Dieser Cocktail vertreibt die Insekten wirksam, kommt aber normalerweise nicht auf Hängebirkenblättern vor. Es ist die Feindabwehr des Rhododendrons. Die Hängebirken haben die Düfte ihrer Nachbarn absorbiert und geben sie über ihre eigenen Blätter wieder ab. Eine raffinierte Strategie! Dasselbe Parfumgemisch*

schützt die Hängebirke offenbar auch gegen die Blattlaus. Dass die Hängebirke zur Abwehr von Feinden einfach den Duft des Rhododendrons kopiert hat, scheint Jarmo Holopainen selbst beeindruckt zu haben. Das sei, schreibt er, »ein gutes Beispiel dafür, dass bei der Erforschung ökologischer Auswirkungen mehr von der Sicht einer Pflanzengemeinschaft als von der Sicht einer einzelnen Pflanze ausgegangen werden sollte«.[34]

Straucherbse bewässert Fingerhirse

Noch steht die Forschung über die sensorischen und sozialen Fähigkeiten von Pflanzen und deren Beziehungsnetze ganz am Anfang. Doch es zeigt sich immer mehr: Pflanzen sind regelrechte Networkerinnen, auch unter dem Boden. Mit Pilzfäden bilden ihre Wurzeln ausgedehnte und hochdynamische Netzsysteme. Im Wald wird diese noch weitgehend unbekannte Welt der Pflanzen-und-Pilz-Gemeinschaften WWW genannt: Wood Wide Web.

Ein Wald erscheint uns als eine Ansammlung individueller Bäume: eine Eiche, eine Buche oder eine Fichte. Unter dem Boden aber bilden alle diese Bäume zusammen mit Pilzen ein hochvernetztes Ganzes. Dieses Geflecht aus Baumwurzeln und Pilzfäden nennt man Mykorrhiza, was auf Griechisch Pilzwurzel heisst. Alle Waldbäume und viele Pilze, zu denen auch bekannte Speisepilze wie Steinpilze, Pfifferlinge oder Röhrlinge gehören, sind Teil dieses riesigen unterirdischen WWW. Das Volumen des Wurzel-Pilz-Netzes ist grösser als das Volumen der für uns sichtbaren Bäume und Pilze über dem Boden![35]

Die meisten Krautpflanzen, aber auch Sträucher und Bäume tropischer Wälder bilden ebenfalls unterirdische Mykorrhizanetze mit einer anderen Gruppe von Pilzen, die nicht über dem Boden erscheinen.[36] Bei den Mykorrhizen profitieren im Allgemeinen beide Symbiosepartner, die Pflanze und der Pilz. Die Pilzfäden führen den Pflanzen Wasser und Nährstoffe zu. Die Pflanzen beliefern die Pilze mit Kohlenhydraten, wie zum Beispiel Zucker.

Interessant ist nun, dass Pflanzen das gemeinsam gehegte unterirdische Netz von Mykorrhizapilzen *darüber hinaus* auch dazu nutzen, um Nährstoffe und Informationen *untereinander* auszutauschen. Eine Pflanze unterhält über dieses Netz rege Beziehungen zu ihren Nachbarinnen. Das zeigt ein Experiment einer Forschergruppe um Andres Wiemken an der Universität Basel.[37]

Als ich ihn 2011 besuche, legt der sympathische und bescheiden wirkende Professor ein Foto vor mich auf den Tisch. Darauf sind zwei Töpfe abgebildet, in denen je eine Flachs- und eine Hirsepflanze zusammen wachsen. Im rechten Topf ist die Flachspflanze mehr als doppelt so gross wie jene im linken Topf. Auch die Hirse ist ein bisschen grösser. Und dies, obwohl die Pflanzen in beiden Töpfen in gleicher Erde wachsen und gleich viel Wasser und Nährstoffe erhalten haben. Im Topf rechts sind Mykorrhizapilze in der Erde, im anderen Topf gibt es keine. In

Andres Wiemken

beiden Töpfen wurde in der Mitte zwischen den Pflanzen eine feinmaschige Membran in die Erde eingelassen, damit sich die Wurzeln nicht berühren. Für die Pilzfäden jedoch ist die Membran durchlässig. Sie sind so dünn, dass man sie mit blossem Auge nicht sieht. »Mit unserem Versuch wollten wir noch mehr über den gegenseitigen Austausch herausfinden«, erläutert Andres Wiemken. »Wir fragten uns: Geht da auch alles gerecht zu? Erhalten in einer Pflanzengemeinschaft jene Pflanzen, die viel in das gemeinsam betriebene und genutzte Pilzgeflecht im Boden investieren, auch entsprechend viel von den Pilzen zurück und die anderen, die weniger investieren, entsprechend weniger?«

Hirse und Flachs sind zwei landwirtschaftlich genutzte Pflanzen – das war Agronom Andres Wiemken wichtig. Doch die beiden haben eine etwas unterschiedliche Art, Photosynthese zu betreiben. Bei viel Sonnenlicht und Trockenheit ist die Hirse effizienter.[38] Mit einer speziellen Nachweismethode – der Isotopenuntersuchung – kann man die von der Hirse photosynthetisch gewonnenen Kohlenhydrate von denjenigen des Flachses unterscheiden.[39] Wiemkens Team untersuchte, von wem die Pilzfäden ihre Kohlenhydrate beziehen: von der Hirse oder vom Flachs? Das überraschende Resultat: Rund achtzig Prozent der Kohlenhydrate in der Pilzbiomasse stammten von der Hirse. »Die Hirse baut das Pilznetz auf, und der Flachs profitiert am meisten davon«, erklärt Andres Wiemken. Dank dieser Kooperation werde eine Flachspflanze neben einer Hirsepflanze fast doppelt so gross wie ohne Pilzgeflecht. Und was bekommt die Hirse? Auch sie erhalte von den Pilzen Nährstoffe aus dem Boden, also Phosphat und Stickstoff. Ob sie noch einen anderen Profit daraus ziehe, sei nicht bekannt.

Hirse und Flachs, rechts mit Mykorrhiza

Auf dem anschliessenden Gang durch das Labor zeigt mir der Biologe, wie sein Team am Institut die Pilzgeflechte züchtet. Er nimmt eine tellergrosse, sterile Agarplatte aus dem Schrank, auf der sich gut sichtbar feine Wurzeln baumartig verzweigen. »Das sind Karottenwurzeln. Die Karotte ist die Ammenpflanze, sie zieht die Pilze auf. Alleine wachsen diese Pilze nicht, sondern nur zusammen mit einer Ammenpflanze. Die Aufzucht ist schwierig. Wohl auch deshalb weiss man erst

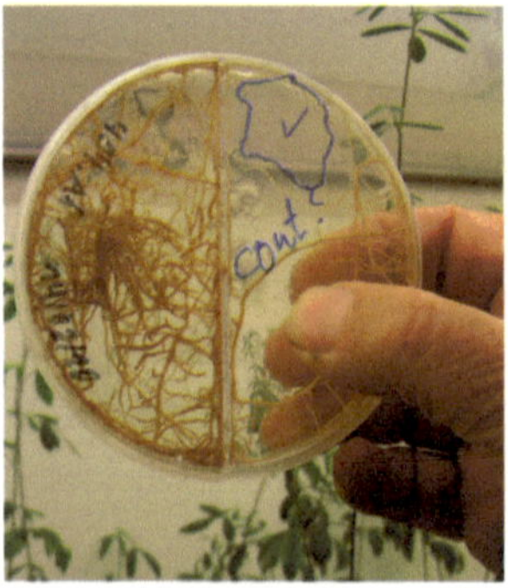

Mykorrhizapilze auf Karottenwurzeln

wenig über dieses eindrückliche und so fundamental wichtige Zusammenspiel zwischen Pflanze und Pilz, von dem praktisch das gesamte terrestrische Leben abhängt.«

Andres Wiemken ist überzeugt, dass in geeigneten Mischkulturen die Pflanzen unter dem Boden mit dem Mykorrhizageflecht eine Art *dynamischen Marktplatz* bilden, wo jede Pflanze je nach ihren speziellen Fähigkeiten und dem Entwicklungsstand überschüssige Nährstoffe abgeben und gegen solche eintauschen kann, die sie gerade dringend benötigt. Klee zum Beispiel kann in einer Wiese Stickstoff liefern, den er mit Hilfe spezieller Bakterien aus der Luft holt und pflanzenverfügbar macht.[40] Pflanzen mit langen Wurzeln wiederum, wie die Luzernen oder Sträucher und Bäume, können aus der Tiefe Wasser holen und an das gemeinsame Mykorrhizanetz abgeben. Andere Pflanzen und auch Pilze können mit bestimmten Säuren und Enzymen im Boden Phosphor akquirieren.[41] Dann gibt es Pflanzen, die bei viel Sonnenlicht und trotz Wassermangel besonders

Dynamischer Marktplatz

effizient Photosynthese betreiben und deshalb Kohlenhydrate freigebig ins gemeinsame Pilzgeflecht investieren können, wie die Hirse. »Jede Pflanzenart trägt mit ihren besonderen Fähigkeiten dazu bei, das ›Gemeingut‹ Mykorrhizanetz aufzubauen und zu unterhalten, das vielen verschiedenen Pflanzen die Nährstoffaufnahme aus dem Boden erleichtert. Es handelt sich um eine grosse, unterirdisch verbundene Lebensgemeinschaft«, sagt Andres Wiemken.

Doch Pflanzen können sich über das Mykorrhizanetz auch konkurrenzieren. Die Studentenblume *(Tagetes tenuifolia)* zum Beispiel schwitzt pflanzentoxische Stoffe – sogenannte Thiophene – aus den Wurzeln aus und gebraucht das Mykorrhizanetz, um die Toxine in der Umgebung zu verteilen. Diese hindern andere Pflanzen am Wachstum.[42] Spezialisierte Pflanzen können das gemeinsame Netz auch dazu verwenden, andere zu parasitieren. Voyria aus der Familie der Enziangewächse wächst im tropischen Regenwald von Französisch-Guayana. Sie hat keine grünen Blätter und betreibt keine Photosynthese. Der Enzian »stiehlt« die für ihn notwendigen Kohlenhydrate über das gemeinsame Mykorrhizanetz von den Pflanzen der Umgebung.[43]

Und selbst Informationen können Pflanzen mit dem unterirdischen Netz austauschen. Ein Team um Ren Sen Zeng von der Südchinesischen Landwirtschaftsuniversität in Guangzhou zog zwei Gruppen von Tomaten auf: solche, deren Wurzeln mit Mykorrhiza untereinander verbunden waren, und solche, die keine Verbindung via das unterirdische Netz hatten. Um eine Kommunikation über die Luft zu verhindern, steckten sie die Pflanzen in luftdichte Tüten. Dann infizierten sie einige Tomaten jeder Gruppe mit dem Krankheitserreger *Alternaria solani,* einem Schimmelpilz. Die Resultate waren eindeutig: Die Tomatenpflanzen, die unterirdisch durch Mykorrhiza verbunden waren, wurden offensichtlich gewarnt und konnten sich auf den Angriff vorbereiten. Sie produzierten Abwehrenzyme und Toxine gegen die Krankheitserreger. Die Tomaten ohne Mykorrhizakontakt untereinander erhielten keine Warnung und wurden zur leichten Beute der Schimmelpilze.[44] Dasselbe Team zeigte in einem späteren Experiment, dass sich Tomaten mit dem Mykorrhizanetz auch vor Raupenfrass warnen. Die unterirdisch vorgewarnten Tomaten begannen mit der Abwehr, auch wenn noch gar keine Raupen an ihren Blättern frassen.[45,46]

Das Mykorrhizanetz funktioniert als ein Internet der Pflanzengemeinschaften, dessen Ausmasse sich noch nicht erahnen lassen.

Das ist aber längst nicht alles. Mykorrhizapilze schützen die Pflanzen auch vor Trockenheit und toxischen Stoffen, wie zum Beispiel Schwermetallen. Ausserdem verbessern sie den Boden. Sie stabilisieren die Krümelstruktur – ein gut durchpilzter Boden kann viel Wasser speichern und wird vor Erosion geschützt.

Davon könnte auch die Landwirtschaft profitieren, ist Andres Wiemken überzeugt. Zusammen mit mehreren Partnern[47] hatte er in Indien untersucht, ob und wie eine Zugabe von Mykorrhizapilzen und nützlichen Bakterien die Ernten zu verbessern vermag. In der Gangesebene, in der bei konventioneller Landwirtschaft im Gefolge der Grünen Revolution vor rund fünfzig Jahren nur noch monoton Weizen im Winter und Reis im Sommer angebaut werden – selten einmal eine Leguminose –, sind die Böden oft degradiert, und die Erträge nehmen trotz des steigenden Aufwands seit Jahren stetig ab. Eigentlich ist das eine ungünstige Fruchtfolge, man findet sie aber überall im Gangesgebiet. Die indischen Projektpartner haben seit einigen Jahren mit dem Saatgut auch eine Mischung ausgewählter Mykorrhizapilze und nützlicher Bakterien an mehreren Versuchsstandorten aussäen lassen. »Das Resultat war erstaunlich«, sagt Andres Wiemken. »Der Weizen brachte über vierzig Prozent mehr Ertrag und war auch von besserer Qualität. Die Bodenlebewesen haben den Pflanzen mehr Nährstoffe geliefert und zusätzlich die Bodenstruktur verbessert. Beim Reis waren die Effekte weniger ausgeprägt; das mag aber daran liegen, dass für Reis nicht die geeigneten Pilze und Bakterien verwendet wurden.«[48]

Andres Wiemken erzählt, wie er in Indien während seiner Reisen oft auch hochinteressante traditionelle Mischkulturen angetroffen habe, Felder mit Raps, Weizen, Erbsen, Linsen und weiteren Hülsenfrüchten. »Alle sind zu unterschiedlichen Zeiten reif. Die Frauen gehen da jeden Tag durch das Feld und ernten, was gerade reif ist, hier ein Büschel für die Kuh und dort ein Büschel für die Küche. In diesem Durcheinander im Feld, in dieser in traditionellen Agrosystemen allgemein vorherrschenden hohen Biodiversität, steckt viel Wissen. Unterirdisch sind Pflanzen in Mischkulturen ja meist über ein gemeinsames Mykorrhizanetz miteinander verbunden. Das müsste man wissenschaftlich genauer untersuchen«, sagt der Forscher. Es könnte wichtige Impulse für eine moderne, nachhaltige und vor allem auch widerstandsfähige Landwirtschaft geben.

Bei grossen Monokulturen hingegen ist das anders. Pflanzen, die ihre Nährstoffe über viel synthetischen Dünger erhalten, bauen kein Mykorrhizanetz im Boden auf. Das brauchen sie ja nicht. Es sei gut möglich, dass man unbeabsichtigt Pflanzen herangezüchtet habe, die sich überhaupt nie mit der Bildung von Pilzgeflechten hätten befassen müssen, meint der Forscher. Untersuchungen zeigen, dass intensiv bewirtschaftete Kulturpflanzen weniger Mykorrhizapilze haben.

Mein erster Besuch bei Andres Wiemken fand 2011 statt. Fünf Jahre später, im Frühling 2016, treffe ich den inzwischen emeritierten Professor im Restaurant Zum Isaak auf dem Basler Münsterplatz wieder. Von Ruhestand könne keine Rede sein, sagt er. Ein Gespräch über seine neue Passion: die Mykorrhizen und das Wasser.

Das Wasser?

»Ohne Wasser geht nichts im Leben – Lebewesen sind Wasserspiele. Und Mykorrhizen spielen da eine grosse Rolle. Ein wichtiges, bisher unterschätztes Phänomen ist der ›hydraulische Aufzug‹ *(hydraulic lift*[49]*):* Pflanzen können durch ihn das Wasser von tief unten im Boden in die oberste Bodenschicht holen, und Mykorrhizen können mit dieser Vorrichtung das Wasser verteilen helfen.«

Die oberste Bodenschicht ist ja zuerst von einer Austrocknung bedroht.

»Genau. Gleichzeitig enthält diese Bodenschicht am meisten Leben, hier existieren neben den Pflanzenwurzeln Millionen Mikroorganismen und andere Lebewesen. Es ist die fruchtbarste Schicht im Boden.«

Was aber passiert genau mit diesem hydraulischen Aufzug?

»Ein *Prosopis*-Baum zum Beispiel kann das Wasser mit seinen Wurzeln aus bis zu fünfzig Metern Tiefe holen.«

Fünfzig Meter, das entspricht ja der Höhe eines zehnstöckigen Hauses!

»Unglaublich, nicht wahr. Durch seine Leitbahnen kann er das Wasser dann nach oben in alle Blätter transportieren. Der Baum kommt in trockenen Gebieten Indiens sehr oft vor. Tagsüber braucht *Prosopis* das Wasser selbst; es verdunstet durch kleine Öffnungen in den Blättern.[50] Durch diese Öffnungen nimmt der Baum CO_2 auf, das er für die Photosynthese braucht. Nachts schliesst er die Blattöffnungen. Der hydraulische Aufzug funktioniert aber trotzdem. Die Wurzeln holen das Wasser aus den tiefen Bodenschichten und transportieren es in den Wurzelbereich im Oberboden, wenn Austrocknung droht. So können die Wurzeln dort überleben und sogar oft noch wachsen. Sie geben das heraufgezogene Wasser auch an Mykorrhizapilze ab. Diese Pilzpartner wissen, wo es im Boden Nährstoffe – zum Beispiel Phosphor und Stickstoff – zu holen gibt, und leiten das Wasser über ein ausgedehntes Netzwerk von Pilzfäden gezielt an diese Stellen, um sie zu befeuchten und damit die Nährstoffe zu mobilisieren.

Und was bisher massiv unterschätzt wurde: Durch das gemeinsame Mykorrhizanetz erhalten auch alle damit verbundenen Nachbarpflanzen Wasser. Das kann in Trockenperioden für flachwurzelnde Pflanzen lebenswichtig sein – sie erhalten von tiefwurzelnden Nachbarpflanzen über das Mykorrhizanetz Wasser, das sie nicht selbst erreichen können. Auch das Heer von Mikroorganismen im Wurzelbereich (siehe das Kapitel »Die fruchtbare Oase im Wurzelstock«) wird bewässert. Sie alle brauchen Wasser, um die Nährstoffe im Boden zu mobilisieren.«

Sie bewässern den dynamischen Marktplatz, das kennen wir ja schon.

»Genau. Doch es geht noch weiter: Mykorrhizapilze können nicht nur das von den Pflanzen abgegebene Wasser verteilen. Sie können mit dem hydraulischen Aufzug auch selbst Wasser von dort holen, wo es feucht ist, und in trockene Gebiete transportieren, über lange Strecken hinweg. Also helfen auch sie mit, ausgetrocknete Böden und Nachbarpflanzen zu bewässern, zusammen mit langwurzligen Pflanzen.«[51]

Pilze können Wasser über lange Strecken transportieren?

»Wir wissen von vielen anderen Pilzen, dass sie gute Wassertransporteure sind. Ein bekanntes Beispiel ist der Hausschwamm, der wohl schlimmste Holzzerstörer im Hausbau. Der Hausschwamm kann mit seinen Pilzfäden Wasser von weit her holen und damit einen Hausbalken so gut befeuchten, dass er ihn anschliessend fressen kann.«

Wurzeln und Mykorrhizapilze bewässern ganze Pflanzengemeinschaften – das klingt fast zu schön, um wahr zu sein.

»Die vielen neuen Erkenntnisse zu Mykorrhizen sind derzeit geradezu schwindelerregend. Das ganze Beziehungsgeflecht unter dem Boden ist viel raffinierter, viel komplexer und viel potenter, als wir bisher ahnen konnten.[52] Ich komme gar nicht dazu, alle neuen Arbeiten zu lesen.«

Können diese neuen Erkenntnisse nicht auch zur Bekämpfung von Dürre und Trockenheit eingesetzt werden?

»Eine ehemalige Mitarbeiterin unseres Instituts, die aus dem Wüstenstaat Rajasthan kam, untersuchte im Rahmen eines indisch-schweizerischen Forschungsprojektes, wie sich die Fingerhirse *(Eleusine coracana)* und die Straucherbse *(Cajanus cajan)* ergänzen – eine Mischkultur, die in der traditionellen Landwirtschaft in trockenen Gegenden seit langem angebaut wird. Was wir wissen: Die Hirse kann auch bei Hitze und Trockenheit ziemlich gut Photosynthese betreiben. Doch sie hat nur flache Wurzeln und kommt nicht an Wasser in tieferen Bodenschichten heran. Die Straucherbse wiederum hat lange Wurzeln, sie kann gut Wasser aus der Tiefe holen. Also prüften wir folgende Frage experimentell: Kann die Straucherbse dank des hydraulischen Aufzugs Wasser ans gemeinsame Mykorrhizanetz abgeben, und kann die Hirse davon profitieren? Die Resultate waren erstaunlich: Wenn eine Fingerhirse neben einer Straucherbse aufwächst, dann wächst die Hirse in Anwesenheit von Mykorrhizapilzen sehr viel kräftiger, und sie wird grösser. Man kann also sagen: Die Straucherbse bewässert über das Mykorrhizanetz die Fingerhirse! Solche Vorgänge könnten für eine Landwirtschaft von morgen ungemein wichtig sein. Statt immer neuer Grundwasserbohrungen, Riesenstaudämme oder anderer künstlicher Bewässerungsmethoden, die oft zur Versalzung der Böden führen,

Straucherbse
bewässert Fingerhirse

könnten wir vermehrt auf die natürlichen Fähigkeiten von Pflanzen und Mykorrhizapilzen setzen, ihre Nachbarinnen zu bewässern.«

Eine letzte Bemerkung: Man redet bei Pflanzen immer von Konkurrenz – Konkurrenz um Licht, Konkurrenz um Nährstoffe und um Wasser. Ist das nicht zu einseitig?

»Gerade unter dem Boden findet auch viel Kooperation statt, es ist ein ständiges Geben und Nehmen. Es ist immer beides: Eine Pflanze profitiert von anderen Pflanzen und anderen Lebewesen, und gleichzeitig hilft sie selbst diesen auch. Kooperation und Konkurrenz, das gehört fast immer zusammen – viel erhellender ist in diesem Zusammenhang das Denkbild der Verbundenheit und gegenseitigen Abhängigkeit aller.«

Beispiel: Mykorrhizen erhöhen die Artenvielfalt

Mykorrhizen beeinflussen auch die Artenvielfalt von Krautpflanzen, wie Andres Wiemken zusammen mit amerikanischen Partnern in einem eleganten Experiment im Baselbieter Jura nachweisen konnte. Sie legten verschiedene Parzellen an und säten darauf die immer gleichen fünfzehn typischen Wiesenpflanzen aus. Einige Parzellen erhielten gar keine Mykorrhizapilze, andere wurden mit zwei verschiedenen Arten, wieder andere mit vier, acht oder vierzehn Mykorrhizapilz-Arten beimpft. Die Unterschiede überraschten selbst Wiemken: Auf den Parzellen ohne Bodenpilze setzte sich ein einziges Gras aus der Saatgutmischung durch – es überwucherte fast alle Pflanzen. Impfte man den Boden mit Mykorrhizapilzen, stieg die Artenvielfalt sofort an. Auch die gesamte

Biomasse aller Pflanzen war auf diesen Parzellen deutlich grösser. Dank der Mykorrhizen wuchsen die Pflanzen kräftiger und wurden höher. Diese Ergebnisse konnte die Gruppe in der angesehenen Zeitschrift Nature *veröffentlichen.*[53]

Beispiel: Schwere Waldmaschinen sind eine Gefahr für das WWW
Ein fruchtbarer Waldboden enthält viele luft- und wasserführende Hohlräume, in denen sich die Mykorrhizen ausbreiten und unzählige Kleinstlebewesen leben können. Doch die immer schwereren Holzerntemaschinen verdichten den Boden massiv. Hohlräume werden zusammengepresst, die Vernetzung der Poren zerstört, der Luftaustausch weitgehend unterbunden. Mykorrhizen verschwinden dort fast ganz. An ihre Stelle treten Fäulnisbakterien, die das Baumwachstum hemmen. Die grössten Schäden konnten nach sechs bis zwölf Monaten beobachtet werden. Forscher schätzen, dass es Jahrzehnte, wenn nicht gar Jahrhunderte dauern kann, bis sich der Boden wieder ganz erholt hat.[54]

Beispiel: Douglastannen füttern ihre Sämlinge via Mykorrhizanetz
Alte Douglastannen »füttern« ihre Sämlinge durch das unterirdische Pilzwurzelgeflecht mit Kohlenhydraten. So können die kleinen Douglastannen auch an dunklen Orten ohne viel Sonnenlicht gedeihen. Wichtig ist vor allem, dass sie an das Netz angeschlossen sind und von der Mutter versorgt werden können. Die Sämlinge mit dem besten Zugang zu diesen Netzwerken sind am gesündesten. Das ergaben Untersuchungen von Suzanne Simard, Professo-

rin für Waldökologie an der Universität von British Columbia. Alte Bäume sollten daher nicht vorschnell aus dem Wald entfernt werden.[55] *Ihre Untersuchungen zeigen, dass sich Douglastannen unterirdisch auch mit anderen Baumarten verbinden, zum Beispiel mit Papier-Birken oder Ponderosa-Kiefern. Die Bäume tauschen via Mykorrhizanetz Nährstoffe und Wasser aus.*[56]

Beispiel: Tiefes Pflügen zerstört Mykorrhizanetze – wie sich das vermeiden lässt

Das tiefe Pflügen zerstört Mykorrhizanetze im Boden. Wenn die Pflanzen dann wachsen sollen, müssen sie diese wieder aufbauen helfen. Dazu benötigen sie viel Energie. Das Forschungsinstitut für biologischen Landbau (FiBL) in Frick hat in einem siebenjährigen Langzeitversuch nachgewiesen, dass schonende Bodenbearbeitung und nur ganz oberflächliches Pflügen im Biolandbau möglich sind – und auch rentieren.

Das FiBL testet oberflächliches Pflügen

Im Biolandbau dient der Pflug als wichtiger Unkrautregulator, da keine Herbizide eingesetzt werden dürfen. Doch die tiefe Bodenbearbeitung hat Nachteile: Sie verbraucht viel Energie, verstärkt den Abbau von Humus, schädigt das Bodengefüge, setzt den Regenwürmern und Mykorrhizanetzen zu und fördert die Erosion. FiBL-Forscher haben nun auf unterschiedlichen Böden (von tonig bis lehmig) zeigen können, dass sich eine Kombination von flacher Bodenbearbeitung, natürlicher Düngung und cleverem Bodenmanagement lohnt – für die Umwelt und für die Bauernfamilien. Der Humusgehalt konnte nach sieben Jahren um siebzehn Prozent erhöht und damit klimaschädliches CO_2 *im Boden gebunden werden. Die Ertragssicherung war besser. Für Landwirte entstanden zudem keine Mehrkosten. Bei reduzierter Bodenbearbeitung können Unkräuter immer noch problematisch werden, weshalb neue technische Verfahren wie kameragesteuerte Hackgeräte weiterentwickelt werden müssen.*[57]

Exkurs: Das geheime Leben der Pflanzen *und die Esoterikfalle*

1973 (deutsch 1974) erschien das Buch Das geheime Leben der Pflanzen.[58] *Die Autoren Peter Tompkins und Christopher Bird erzählen darin von unterschiedlichsten Phänomenen zwischen Menschen und Pflanzen: Sie zitieren Forscher, die behaupten, dass Pflanzen menschliche Gedanken aufnehmen und verarbeiten könnten, und führen »Beweise« telepathischer Fähigkeiten von Pflanzen an. Sie erzählen, wie Gebete oder Musik Pflanzen beeinflussen können, oder berichten von Begegnungen mit Ausserirdischen und vielem mehr. Auch interessante Untersuchungen sind aufgeführt, denen nachzugehen sich lohnte. Doch in dem Buch ist alles vermischt, Kraut und Rüben wild durcheinander, absurd Anmutendes mit durchaus Ernstzunehmendem. Das Buch wurde zu einer weltweiten Sensation. Doch für die Naturwissenschaften war es eine Katastrophe.*

Seit seinem Erscheinen war die Angst, in der botanischen Forschung unter Esoterikverdacht zu geraten, allgegenwärtig. Ganze Forschungsgebiete – zum Beispiel die Elektrophysiologie bei Pflanzen – wurden tabuisiert. Kein Forscher, keine Forscherin konnte es sich leisten, auf diesem Gebiet tätig zu werden. Die Elektrophysiologie blieb für gut zwanzig Jahre ein weisser Fleck auf der Forschungslandkarte und ist auch heute noch umstritten. Esoterik wurde speziell in der Pflanzenbiologie zu einem Synonym für Unseriosität, emotional gefärbtes Geschwafel, Unwissenschaftlichkeit – ein Synonym für alles, was ein überzeugter Wissenschaftler aus tiefstem Herzen ablehnt. Praktisch alle Forscherinnen und Wissenschaftler, mit denen ich in den letzten zehn Jahren Gespräche führte, distanzierten sich irgendwann im Interview vehement von der Esoterik.

Doch vieles, was noch bis vor kurzem als esoterisch abgetan wurde, ist heute durch wissenschaftliche Studien bestätigt oder muss zumindest in neuem Licht betrachtet werden – zum Beispiel die Frage, ob Pflanzen ihre Vergangenheit kennen, aus diesen Erfahrungen lernen können oder ob sie gar intelligent sind.

Sind Pflanzen intelligent?

Intelligente Pflanzen: Ist das nicht eine unziemliche und etwas lächerliche Vermenschlichung der grünen Kreatur? Gar Esoterik? Über diese Frage wird seit vielen Jahren heftig gestritten. Einer, der sich vehement dafür einsetzt, auch Pflanzen eine Intelligenz zuzugestehen, ist Dieter Volkmann, emeritierter Professor für Zellbiologie an der Rheinischen Friedrich-Wilhelms-Universität Bonn. Ich traf den distinguierten Forscher nach einer Konferenz in einer Wiener Hotellounge.

Intelligenz – das ist ein kulturell aufgeladener und schillernder Begriff, auch und vor allem in Bezug auf uns Menschen. Anfang des letzten Jahrhunderts wurde Intelligenz als exakt messbares Konstrukt definiert, und man schickte sich an, mit Tests den Intelligenzquotienten (IQ) zu bestimmen. Diese Definition von Intelligenz war mathematisch beschreibbar, doch stark von Werten der westlichen Kultur geprägt und zu kurz gegriffen. Heute wird Intelligenz umfassender umschrieben. Von emotionaler Intelligenz ist die Rede, sie wird abgegrenzt von einer mathematischen, und alle Teilintelligenzen bilden zusammen das Ganze. Gemäss dem *Lexikon der Neurowissenschaft* wird Intelligenz heute zumeist als »ein theoretisches, nur mittelbar erschliessbares Konstrukt«[59] betrachtet. Intelligenz in Bezug auf den Menschen mutiert also zunehmend zu einer Fata Morgana, die sich im Abstrakten verliert.

Aufschlussreicher scheint mir die sprachgeschichtliche Herkunft: »Intelligenz« leitet sich vom lateinischen *inter-*

legere ab, was »zwischen etwas wählen« bedeutet. Es bezeichnet also die Fähigkeit, zwischen verschiedenen Optionen wählen zu können. Und genau diese Definition ist für Dieter Volkmann wesentlich: »Intelligenz heisst für mich zunächst einmal die Fähigkeit, vorausschauend Probleme zu lösen, und die Fähigkeit zu entscheiden. Vorausschauend ist wichtig, Problemlösung ist wichtig, Entscheidungen zu treffen ist wichtig.«

Dieter Volkmann

Der Forscher ist überzeugt, dass auch Pflanzen diese Kriterien erfüllen. Er gründete zusammen mit seinem Kollegen František Baluška vom selben Institut, dem Florentiner Pflanzenphysiologen Stefano Mancuso und weiteren Forschern 2005 die Gesellschaft für Pflanzenneurobiologie, die heute Gesellschaft für Pflanzenkommunikation und -verhalten heisst.[60,61]

Irgendwie sammelt und integriert eine Pflanze unendlich viele Informationen aus ihrer Umgebung und reagiert darauf – indem sie ihre Abwehrbereitschaft erhöht, schneller wächst oder den genauen Blühzeitpunkt festlegt. Was läuft da auf Zellebene ab?

»Je mehr wir uns der molekularen Ebene annähern, desto grösser sind die Ähnlichkeiten zwischen Pflanzen- und Tierzellen. So wurden auch bei Pflanzen elektrische und chemische Signalübertragungssysteme identifiziert, die denjenigen im Nervensystem von Tieren ähnlich sind. Offenbar kann fast jede Pflanzenzelle elektrische Signale produzieren und verbreiten. Meine Kollegen František Baluška und Stefano Mancuso konnten nachweisen, dass in dem Moment, in dem ein Blatt angefressen wird, elektrische Aktionspotentiale entstehen und sich über das gesamte Blatt verteilen, dann über die Nachbarblätter, über den Stängel und die ganze Pflanze, wie bei Nervenzellen, nur viel langsamer. Alle Blätter sind vorgewarnt und beginnen sich zu wehren.«[62]

Nervenzellen?

»Die brauchen Pflanzen vielleicht gar nicht. Wahrscheinlich dient die Leitungsröhre für Nährstoffe, das Phloem, auch dazu, schnelle elektrische Signale weiterzuleiten – wie eine Art riesige Nervenzelle, die von der Wurzel- bis zur Sprossspitze reicht. In tierischem oder menschlichem Gewebe, wo es diese Ordnung nicht gibt, braucht es Nervenzellen, bei Pflanzen könnten die Aktionspotentiale entlang dieser Röhren geleitet werden.«

Das ist aber erst eine Hypothese?

»Ja, doch es gibt zahlreiche Indizien dafür. So wurden in den letzten Jahren viele Moleküle entdeckt, die unseren Neurotransmittern ähneln oder sogar gleich sind. Das sind chemische Moleküle, die die Signalübermittlung zwischen einer Nervenzelle und ihren Nachbarinnen regeln – das kann eine Nerven-, eine Sinnes- oder eine Muskelzelle sein. Fast alle Neurotransmitter, die man bei Tieren und Menschen kennt, hat man auch in Pflanzen gefunden, so zum Beispiel Acetylcholin, Melatonin, Serotonin oder GABA.«

Pflanzen haben aber kein Gehirn.

»Natürlich nicht, das brauchen sie auch nicht. Wir sind überzeugt, dass das ganze, riesige Wurzelsystem als eine Art diffuser Kommandobereich funktioniert, der Reize aus der Umgebung wahrnimmt, darauf reagiert und sich immer wieder auf Neues einstellt – eine Art unterirdisches Gehirn also. Bei Tier und Mensch umfasst die Neurobiologie drei Bereiche: die Sinneszellen, die Nervenzellen und das Gehirn. Wer sich den Finger verbrennt, zieht ihn sofort zurück und verspürt stechenden Schmerz. Die Sinneszellen an der Fingerkuppe registrieren die plötzliche Hitze und wandeln die Information in elektrische Aktionspotentiale um. Nervenzellen leiten diese in Sekundenbruchteilen über das Rückenmark in das Gehirn. Dort werden aus den elektrischen Impulsen biologische Antworten generiert: einerseits der Befehl an die Muskelzellen, den Finger zurückzuziehen, andererseits die Schmerzempfindung. Das Nervensystem ermöglicht also extrem schnelle Reaktionen. Das Prinzip ist immer: wahrnehmen – verarbeiten – antworten.«

Wahrnehmen – verarbeiten – antworten. Dieses Prinzip soll also auch bei Pflanzen funktionieren?

»Genau, bei ihnen funktioniert das analog. In der äussersten Spitze einer jeden Wurzelspitze befinden sich Sinneszellen. Dort werden Stimuli wie Feuchtigkeit, Sauerstoff, Gravitation, Licht oder Nährstoffe wahrgenommen und registriert. An diese Zone anschliessend folgt ein Bereich, den wir Übergangszone nennen und der unter dem Mikroskop völlig anders aussieht. Wir nehmen an, dass dort die Signale der Sinneszellen in elektrische Signale verwandelt und weitergeleitet werden. Stefano Mancuso hat Pflanzen einem Stress ausgesetzt und dabei in der ganzen Wurzel elektrische Ströme gemessen. In dieser Übergangszone hat er die höchste elektrische Aktivität und den höchsten Sauerstoffverbrauch registriert. Das war eindeutig. Auch im menschlichen Gehirn wird bei Stress in den jeweils dafür verantwortlichen Regionen höchste Aktivität verzeichnet. Nach dieser Zone folgt ein Bereich, der aus elektrischen Impulsen biologische Antworten generiert, also Wachstum initiiert. Die Zellen strecken sich in Längsrichtung oder, je nach Reiz, nur auf eine Seite hin. Wir finden also auch bei Pflanzen das Prinzip: wahrnehmender Bereich – verarbeitender Bereich – antwortender Bereich. Die unendlich vielen Umweltsignale werden immer und meist in kürzesten Zeiteinheiten abgerufen, registriert, verrechnet und koordiniert. Und dann entscheidet die Pflanze, wie sie darauf reagiert. Das nenne ich intelligentes Verhalten.

Von diesen drei Bereichen gibt es unermesslich viele im gesamten Wurzelbereich. Jedes Seitenwürzelchen der ersten, zweiten, dritten oder vierten Ordnung sieht genauso aus, und alle zusammen bilden einen dezentralen Kommandobereich, den wir das unterirdische Koordinationssystem der Pflanze nennen könnten. Dieses scheint so zu funktionieren wie ein Insekten-, Vogel- oder Fischschwarm – ein emergentes Verhalten vieler Tausender Individuen. Wurzelspitzen können sich auf ähnliche Weise in einem grossen Netzwerk organisieren.«

Nerven- und gehirnähnliche Strukturen – haben denn Pflanzen auch Empfindungen, können sie Schmerzen spüren?

»Das wissen wir nicht. Bei Pflanzen haben Forscher Hormone und Proteine gefunden, von denen wir wissen, dass sie bei Menschen bei der Auslösung von Schmerzen eine Rolle spielen. Doch eine ganze Indizienkette fehlt.«

Es ist schwierig, mit diesem Nichtwissen umzugehen. Doch das sind ja nicht die einzigen Parallelen zwischen Tieren und Pflanzen. Sie erwähnten einmal, dass Pflanzen auch wie Tiere und Menschen anästhesiert werden können.

»Äther und Chloroform wirken bei Menschen und Tieren narkotisierend. Bei Pflanzen haben die Substanzen eine ähnliche oder gleiche Wirkung. Eine Mimose schliesst ihre Blätter nicht mehr, wenn sie vorher mit Chloroform anästhesiert worden ist. Offenbar ist die Informationsleitung so ähnlich, dass sie mit den gleichen Stoffen stillgelegt werden kann. Und Susan Murch, Chemieprofessorin an der Universität von British Columbia, konnte sogar zeigen, dass Drogen wie Ritalin, Prozac oder Methamphetamin das Verhalten von Pflanzen beeinflussen. Eine Pflanze auf Methamphetamin zum Beispiel bildete nur noch Sprosse, aber keine Wurzeln mehr.«

Intelligenz bedeutet nach Dieter Volkmann, vorausschauend Probleme zu lösen, also die Fähigkeit, auf unvorhersehbare Umweltveränderungen zu reagieren und sich immer wieder auf neue Situationen einzustellen. Das bedingt, dass eine Pflanze sich erinnern und aus diesen Erfahrungen lernen kann – dass sie also lernt, das Gelernte mit altem Wissen verknüpft und auf neue Situationen anwendet.

Mimose

Lernen? Wieder ein diffuses Konzept, das bisher nur Menschen und Tieren vorbehalten blieb. Doch es häufen sich Indizien, dass auch Pflanzen dies können. Wie sie lernen, wissen wir nicht, doch die molekularen Grundlagen menschlicher Lernprozesse lassen ebenfalls noch viele Rätsel offen. Wir sind auf Beobachtungen angewiesen.

Es gibt etliche Experimente, die bei Pflanzen tierähnliches Lernen verorten. Besonders eindrucksvoll demonstrierte Monica Gagliano von der Universität von Westaustralien, wie Mimosen lernen können.[63] Ihre Überlegung war: Die einfachste und älteste Form des Lernens besteht darin, dass ein Lebewesen sich auf wichtige Informationen konzentriert und alles, was es wiederholt als irrelevant erlebt hatte, herausfiltert. Dass es lernt, Unwichtiges zu ignorieren – das spart viel Energie. Das Team um Gagliano liess sechzig einzelne Mimosen in kleinen Töpfen mit einer Vorrichtung fünfzehn Zentimeter nach unten rutschen. Alle schlossen sofort ihre Blätter. Doch nach nur vier, manchmal sechs Abstürzen schlossen sie ihre Blätter nicht mehr – als ob sie realisiert hätten, dass ein Absturz keine Gefahr bedeutet. War es nur, dass die Mimosen ermüdeten? Offenbar nicht: Wurden sie geschüttelt, schlossen sie die Blätter

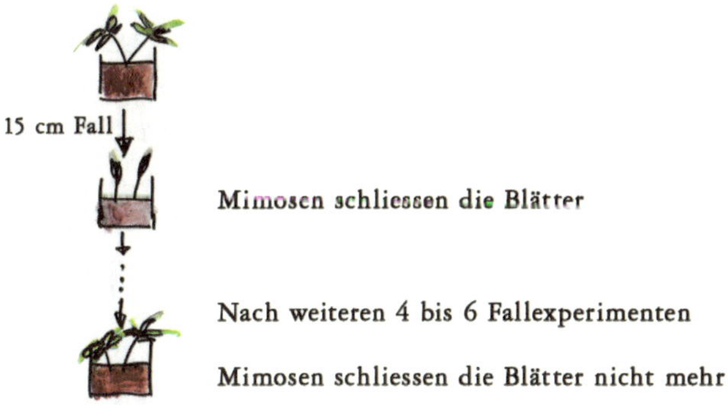

6 Tage später: Mimosen erinnern sich an Fallexperimente

sofort wieder. Erstaunlich war, dass die Pflanzen sich auch nach einigen Tagen noch an das Experiment erinnerten und unterscheiden konnten, ob ihnen Gefahr drohte oder nicht. Einige lernten schneller als andere. Das seien keine angeborenen Reaktionen gewesen, schreibt Gagliano. »Gehirn und Nerven sind eine hochentwickelte Lösung, aber nicht eine notwendige Voraussetzung für Lernen.«

Pflanzen, die sich erinnern und lernen, die intelligent reagieren, die eine Art unterirdisches Gehirn besitzen – Ihre Thesen wurden und werden von der Wissenschaftsgemeinde auch vehement kritisiert.

»Natürlich. Doch da hat sich in den letzten Jahren vieles getan. Die Gründung der Gesellschaft für Pflanzenneurobiologie im Jahr 2005 war ein Meilenstein gewesen. Seitdem führen wir jedes Jahr ein Symposium durch, das von weit über hundert Forschenden besucht wird. Die Leute sind immer begeistert, der direkte Austausch von Informationen erwies sich als äusserst fruchtbar.«

Inzwischen hat die Gesellschaft ihren Namen gewechselt.

»Ja, Gesellschaft für Pflanzenneurobiologie war für viele eine Provokation. Potentielle Geldgeber in den USA sagten uns, dass jeder Antrag von Botanikern, in dem das Wort Neurobiologie auftaucht, aussortiert wird. Der fliegt in den Mülleimer, den würden sie niemals fördern. Auch viele unserer Mitstreiter hat das gestört. Darum haben wir den Namen gewechselt zu Gesellschaft für Pflanzenkommunikation und -verhalten.[64] So heisst auch die monatlich erscheinende Fachzeitschrift.«

2007 haben sechsunddreissig Experten in den Trends in Plant Science *eine heftige Attacke gegen Sie und Ihre Kollegen geritten.*

Die Nomenklatur des Menschen- und Tierreichs dürfe nicht leichtfertig den Pflanzen übergestülpt werden, hiess es. Für intelligentes Verhalten brauche es ein Gehirn und Pflanzen hätten nun mal keines. Ihnen wurde gar vorgeworfen, mit solchen populistischen Deutungen finanzielle Quellen rekrutieren zu wollen.[65] *Der* Stern *berichtete damals von einer »Tsunami-Welle der Empörung« unter den Forschenden. Hat sich seit diesem Brief etwas geändert?*

»Es ist schon so, dass viele Kollegen äusserst vorsichtig sind.«

Stehen Ihre Hypothesen also immer noch im Ruch der Esoterik?

»Der Esoterik ja. Aber das ist nun relativ leicht zu entkräften. Seit diesem Brief wurden nochmals weitere Moleküle gefunden, die wir auch in neuronalen Geweben, im Gehirn und im Nervensystem bei Tieren und Menschen vorfinden und die dort eine wichtige Rolle spielen. Ich erlebe das immer wieder. So hatten Forscher vor rund achtzig Jahren in Pflanzen das Hormon Auxin entdeckt. Es hiess gleich, das könne nicht möglich sein, Hormone gebe es nicht bei Pflanzen. Bald fand man noch weitere. Sie wurden Phytohormone genannt – Pflanzenhormone also –, und dieser Ausdruck hat sich etabliert. Inzwischen hat man bei Pflanzen weitere Hormone gefunden, die gleiche Funktionen haben und entsprechende Leistungen erbringen, vielleicht in geringeren Konzentrationen als bei uns, aber sie gehorchen allen Definitionen von Hormonen aus dem tierisch-menschlichen Bereich.«

Die Auseinandersetzung darüber, ob nun Pflanzen intelligent sind, ist nicht bloss ein wissenschaftlicher, sondern auch ein philosophischer Streit. Intelligenz kann so definiert werden, dass nur Menschen und einige Tiere darunterfallen (Abstraktionsvermögen, Vernunft) – oder aber so, dass Pflanzen mitgemeint sind. Die Wahl der Definition hängt auch davon ab, wie wir die Pflanzen in der Natur sehen. Rücken wir Pflanzen näher zu »seelenlosen Maschinen«, oder rücken wir sie näher zu Tieren und uns Menschen? Ist eine Pflanze eine Art fein austarierter Automat, der nur seinem eingebauten genetischen Programm folgt? Viele Wissenschaftler wehren sich gegen jeden Versuch, in Pflanzen mehr zu sehen, sie gar als entscheidungsfähige Individuen zu begreifen. Wilhelm Boland aus Jena gehört zu dieser Gruppe.

Dieter Volkmann und seine Kolleginnen und Kollegen kontern, dass in den letzten Jahren viele neue Entdeckungen gemacht wurden, die mit den alten mechanistischen Konzepten nicht mehr erklärt werden können. Es braucht neue Konzepte, neue Fragestellungen, und vor allem zeigt sich je länger, desto mehr, dass sich die scharfe Trennlinie zwischen Pflanzen und Tieren aufzulösen beginnt – auf der zellulären Ebene. Darüber, auf der Ebene von Organen und Lebewesen, gibt es natürlich grosse Unterschiede. Pflanzen sind sesshaft und können nicht davonrennen. Gerade dieses sesshafte Leben verlangt, davon ist Dieter Volkmann überzeugt, ein nuanciertes und umfassendes Verständnis der unmittelbaren Umgebung; es verlangt intelligentes Verhalten. Hinter ihren phänomenalen Anpassungsleistungen stehen neuronenähnliche Informationssysteme, weil diese die schnellsten und effizientesten Antworten auf Umweltveränderungen ermöglichen.

Beispiel: Eine Qualle ohne Gehirn

Nicht alle Tiere haben ein Gehirn. Die Seewespe (Chironex fleckeri) *zum Beispiel, eine durchsichtige Qualle mit bis zu drei Meter langen Tentakeln und an Badestränden wegen ihrer Giftigkeit gefürchtet, besitzt lediglich ein diffuses Nervennetz, aber kein Gehirn. Doch sie hat komplexe Sehorgane und gehört zum Reich der Tiere. Die vermeintlich scharfe Trennung zwischen denen, die Nervensystem und Gehirn besitzen – den Tieren also –, und jenen, die nicht darüber verfügen, erweist sich als unscharf. Die Übergänge vom Tier- zum Pflanzenreich sind fliessend.*

Beispiel: Tomaten lernen aus Erfahrungen – und geben ihre Erkenntnisse an die Nachkommen weiter

Ein Team um Georg Jander vom Boyce Thompson Institute in Ithaca, New York, kultivierte im Gewächshaus Tomatenpflanzen über mehrere Generationen in Abwesenheit jeglicher Frassfeinde. Dann setzten sie Raupen auf die Pflanzen, die an den Blättern frassen. Die Gewächse begannen sich langsam zu wehren und bildeten Toxine. Doch einmal angegriffene Tomaten konnten sich bei einer späteren Attacke schneller und effizienter zur Wehr setzen: Die Pflanzen erinnerten sich daran, wie sie die früheren Angriffe pariert hatten. Sie lernten, ihre Abwehrbereitschaft schneller zu mobilisieren.

Diesem »molekularen Gedächtnis« liegen vermutlich epigenetische Veränderungen zugrunde. Epi *heisst auf Griechisch »darüber«. Epigenetik ist ein System, das sich »über den Genen« befindet, ein übergeordnetes Informationssystem, mit dessen Hilfe eine Zelle ihre Gene an- und abschalten kann. Dieses An- und Abschalten kann von der Umwelt beeinflusst werden.*

Tomatenpflanzen erinnern sich

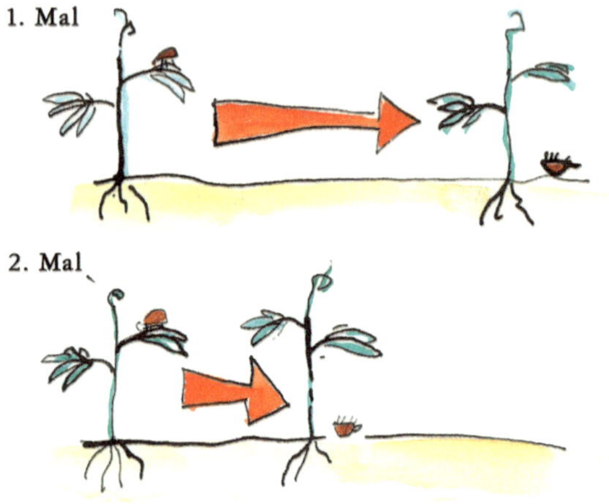

Abwehr ist effizienter und schneller

Interessant ist nun, dass sich auch der Nachwuchs der angegriffenen Tomatenpflanzen schneller und besser gegen Frassfeinde wehren konnte. Auf diesen Nachkommen wurden die Raupen nur halb so gross wie auf solchen, deren Eltern nie von Raupen angefressen worden waren.[66]

Daraufhin machten die Wissenschaftler die gleichen Untersuchungen mit einer ganz anderen Pflanze, der Ackerschmalwand (Arabidopsis thaliana). *Sie erhielten ähnliche Resultate: Auch diese nicht mit der Tomate verwandte Pflanze konnte ihre erlernte Abwehrbereitschaft an die Nachkommen weitervererben. Sogar die übernächste Generation erinnerte sich an die Lebenserfahrung ihrer Grosseltern und wehrte sich schneller und besser als solche, deren Grosseltern nicht gelernt hatten, sich gegen Frassinsekten zu verteidigen.*

Nachkommen erben Erfahrung der Eltern

Eltern ohne Erfahrung

Eltern mit Erfahrung

Natürlich spielen die Gene bei der Vererbung eine zentrale Rolle. Interessant ist aber, dass epigenetische Einflüsse auch eine Wirkung haben – wie gross deren Rolle wirklich ist, lässt sich noch nicht sagen. Doch immer mehr Beispiele zeigen, dass sich Umwelteinflüsse via eine epigenetische Vererbung manchmal auch im Erbmaterial der nachfolgenden Generationen niederschlagen.[67] *Das könnte Bedeutung für die Landwirtschaft haben: Kulturpflanzen wachsen heute oft dank massivem Einsatz von Insektiziden fast gänzlich ohne Frassfeinde auf. Sie haben gar keine Gelegenheit, zu lernen, wie sie sich zur Wehr setzen können. Ihre Nachkommen wissen das auch nicht. Wenn hingegen Elternpflanzen bei der Saatgutherstellung verschiedenen Frassfeinden und Krankheitserregern ausgesetzt würden und so lernen könnten, sich erfolgreich zu wehren, könnten sie die erworbenen Abwehrfähigkeiten an ihre Nachkommen wei-*

tervererben. Darum braucht es dezentrale Züchtung auf dem Feld (und nicht bloss im Labor) und einen offenen, nicht von Patenten behinderten Austausch zwischen Züchterinnen und Züchtern: Dies gibt es im Moment nur bei der biologischen Saatgutzüchtung.

Beispiel: Pflanzen entscheiden, mit welchen Pilzen sie kooperieren wollen

Über eine neue Studie, an der auch Andres Wiemken (siehe das Kapitel »Straucherbse bewässert Fingerhirse«) beteiligt war, hiess es in der Mitteilung der Universität Zürich: »Pflanzen reagieren intelligent auf ihre Umwelt: Wenn sie die Wahl zwischen kooperativen und weniger kooperativen Pilzpartnern haben, versorgen sie Letztere mit weniger Nahrung und zwingen sie damit zu verstärkter Kooperation.«

Worum es geht: Pflanzen kooperieren mit vielen unterschiedlichen Pilzarten und bilden mit ihnen ein Mykorrhizanetz. Die Pflanzen liefern Kohlenhydrate und erhalten dafür von den Pilzen lösliche Phosphate. Einige Pilze sind kooperativer; sie liefern mehr Phosphate pro Kohlenhydrateinheit als andere. Das ist so weit bekannt. Interessant ist nun, dass die Pflanze gezielt entscheidet: Beim »geizigeren« Pilz drosselt sie die Nährstoffzufuhr, sie hungert ihn quasi aus und holt sich die Phosphate vom »grosszügigeren«. Mehr noch: So bringt sie den »geizigeren« Pilz dazu, selbst mehr Phosphate abzuliefern. »Die Pflanze wägt also ab, mit welchen Pilzen sie am besten kooperiert. Wenn der eine Pilz zu geizig ist, entscheidet sie sich für einen anderen. Der Pilz wiederum agiert ebenfalls: Sobald er einen Konkurrenten hat, liefert auch er mehr Phosphate ab«, sagt Andres Wiemken. Die Pflanze nutzt die Konkurrenzsituation unter den Pilzen gezielt aus.[68]

Beispiel: Eine Pflanze entscheidet sich für oder gegen einen Pilz, je nachdem

Die Modellpflanze Ackerschmalwand bildet keine Mykorrhizanetze, sie hält sich aber in ihrem Wurzelstock nützliche Mikroben – und auch sie entscheidet über das Überleben ihrer Untermieter, zum Beispiel den Pilz Colletotrichum tofieldiae. *Im spanischen Hochland, wo im Boden kaum lösliche Phosphate vorhanden sind, kooperiert die Ackerschmalwand mit diesem Pilz; er hilft ihr bei der Phosphatversorgung. In phosphatreichen Gegenden hingegen initiiert sie eine massive Immunabwehr gegen den Pilz und verbannt ihn so aus ihrem Wurzelstock.*[69]

Die »biologische Kränkung des menschlichen Narzissmus«

Im sechzehnten Jahrhundert erschütterte Nikolaus Kopernikus das vorherrschende Weltbild: Er beschrieb die Sonne als Zentrum unseres Planetensystems, während bis dahin die Erde als Mittelpunkt gegolten hatte. Der Mensch hatte sich zwei Jahrtausende lang getäuscht, weil er die Welt aus einem einzigen Standpunkt aus betrachtet hatte: aus dem für ihn günstigsten. Der Psychoanalytiker Sigmund Freud sprach von der »kosmologischen Kränkung der Eigenliebe des Menschen« durch die Astronomie.

Im neunzehnten Jahrhundert bereitete der englische Naturforscher Charles Darwin »der Überhebung des Menschen« ein weiteres Ende. Er zeigte, dass »der Mensch nichts anderes und nichts Besseres als die Tiere [ist], er ist selbst aus der Tierreihe hervorgegangen«. Dies sei die zweite schwere Demütigung des Menschen durch die Wissenschaft, die »biologische Kränkung des menschlichen Narzissmus«, schrieb Freud gut fünfzig Jahre nach der Publikation von Darwins Evolutionstheorie. Charles Darwin hatte 1859 in seinem berühmten Werk *On the Origin of Species* die Entstehung der Arten auf der Basis evolutionärer Gesetze begründet, denen alles Leben unterworfen ist: Pflanze, Tier und Mensch. Damit stellte er sich gegen die vorherrschenden Lehrmeinungen des Wissenschaftsbetriebes und gegen die Schöpfungslehre der christlichen Kirchen: Der Mensch ist nicht die Krone der Schöpfung. Er stammt vom Affen ab.

Im letzten Jahrhundert zeigten zahlreiche Forschungen, dass der Mensch auch kein Monopol auf Sprache, den Gebrauch von Werkzeugen oder gar Vernunft und Selbstbewusstsein besitzt. Auch manche Tiere haben diese Fähigkeiten. Raben gebrauchen Werkzeuge, um an Würmer zu gelangen, Delphine kommunizieren untereinander mit einer differenzierten Sprache, und Elefanten erkennen sich selbst im Spiegel, was ein untrügliches Zeichen für ein gewisses Mass an Selbst-Bewusstsein ist.[70] Die Mauer zwischen Tier und Mensch ist durch diese Erkenntnisse noch brüchiger geworden: wiederum eine grosse Demütigung des Menschen.

Das einundzwanzigste Jahrhundert könnte zeigen, dass auch die scharfe Trennlinie zwischen Pflanzen auf der einen sowie Tieren und Menschen auf der anderen Seite nicht so klar zu ziehen ist, wie dies bisher getan wurde. Doch was bedeutet das?

Pflanzen, die langsamen Tiere sollte vor ein paar Jahren eine Fernsehsendung über neue botanische Forschungsergebnisse heissen. Dies ist aus meiner Sicht ein ganz und gar irreführender Titel: Pflanzen sind keine langsamen Tiere – sie sind grundlegend anders. Sie sind sesshaft, können nicht wegrennen. Angriffe von Frassfeinden können ihnen trotz dieses vermeintlichen Nachteils meistens nichts anhaben. Der Grund ist: Eine Pflanze ist Viele! Sie ist ein grosses Netzwerk. Eine Buche zum Beispiel bildet Blatt um Blatt um Blatt – unendlich viele Blätter und Äste. Sie hat nicht bloss zwei Augen, die leicht verletzt werden können; die lichtempfindlichen Photorezeptoren sind über die ganze Pflanze verteilt. Wird ein Blatt entfernt, »sieht« sie immer noch gut. Der Buche kann man auch einen ganzen Ast abreissen, und es passiert fast nichts. Einer Katze aber ein Bein auszureissen wäre für diese eine grosse Qual, und würde sie nicht verarztet, würde sie sterben. Pflanzen atmen ohne Lunge, sie ernähren sich ohne Mund und Darm, sie haben kein Gehirn – die Funktionen all dieser Organe sind über die ganze Pflanze verteilt, mal mehr im oberirdischen Teil, mal mehr im Wurzelwerk.[71]

Zum Beispiel die Ernährung: Pflanzen können sich nicht wie Tiere auf der Suche nach Nahrung von einem Ort zum anderen bewegen, sie können nicht jagen oder grasen oder fressen. Das brauchen sie auch nicht. Pflanzen nehmen ihre Energie und ihre Nährstoffe in einem grossen Raum auf, und dazu brauchen sie eine grosse Oberfläche, viele Blätter, die Sonnenlicht und Kohlendioxid aufnehmen und diese dann in Zuckerverbindungen umwandeln. Sie bilden ein grosses Wurzelwerk aus, mit dem sie Wasser und Nährstoffe weitherum im Boden suchen und aufnehmen können. Mit Pilzen bilden sie Mykorrhizanetze aus, mit deren Hilfe sie die Reichweite für die Nährstoff- und Wasseraufnahme nochmals drastisch vergrössern.

Pflanzen sind also ganz anders als Mensch und Tier. Doch je mehr wir uns der molekularen Ebene annähern, desto mehr stossen wir auf verblüffende Ähnlichkeiten zwischen Pflanzen- und Tierzellen (siehe das Kapitel »Sind Pflanzen intelligent?«).

Wie ist das nur möglich? Der Evolutionsbiologe und Genetiker Theodosius Dobzhansky schrieb 1973 den berühmten Satz: »Nichts in der Biologie ergibt einen Sinn, es sei denn im Licht der Evolution.« Die Biologie, meinte er, lasse sich nur durch die Evolution verstehen. Auch die Biologie der Pflanzen.

Pflanzen und Tiere sind aus erdgeschichtlicher Sicht sehr jung. Die höheren Pflanzen entstanden vor rund 400 Millionen Jahren als Nachkommen von Grünalgen, die zuvor das Land erobert hatten. Die ersten Vorfahren heute existierender Tierarten lebten vor rund 500 Millionen Jahren. In den drei Milliarden Jahren zuvor hatten nur einzellige Lebewesen existiert. In diesem für uns unvorstellbar langen Zeitraum entwickelten sich die Zellen weiter. Sie brachten nicht unbedingt optimale Formen oder Grössen hervor, sondern entwickelten eine optimale Flexibilität. Während dieser drei Milliarden Jahre bildeten die einzelligen Lebewesen alle elementaren Grundformen für die späteren Ernährungs- und Stoffwechselvorgänge von Pflanzen und Tieren aus, so auch die Art und Weise, wie Zellen miteinander kommunizieren, nämlich mit Hilfe von Signalstoffen oder elektrischen Impulsen. Die Zellen waren in dynamische Beziehungs-

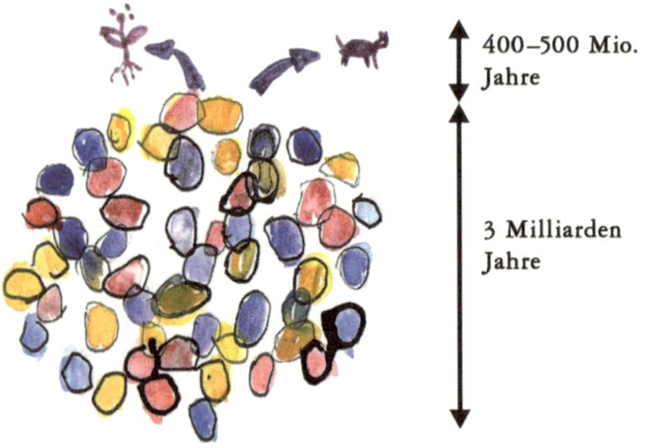

geflechte eingebunden; sie kommunizierten, agierten und reagierten ständig miteinander. Aus diesen interagierenden einzelligen Lebewesen entwickelten sich schliesslich Pflanzen und Tiere parallel in eine andere Richtung weiter.

Pflanzen, Tiere und Menschen haben gemeinsame Wurzeln. Auch wir Menschen sind mit der Pflanze verwandt. Unsere Ähnlichkeiten auf der Zellebene sind in unserer gemeinsamen Geschichte begründet. Auf den darüberliegenden Ebenen – auf der Ebene des Gewebes, erst recht auf der Ebene der einzelnen Lebewesen – unterscheiden sich Pflanzen und Tiere radikal. Der Punkt ist aber: Beide haben im Laufe der Evolution eine grosse Flexibilität erreicht, um sich an eine sich ständig verändernde Umwelt anpassen zu können. Diese Anpassung geschieht auf ganz unterschiedliche Weise: Tiere sind flexibel, weil sie ein Gehirn und ein Nervensystem haben und sich fortbewegen können. Pflanzen passen sich an ihre Umgebung an, indem sie Wachstum und Entwicklung variieren. Ein Löwenzahn auf dem Mergelweg in meinem kleinen Garten unterscheidet sich gewaltig von seinem Artgenossen einen Meter nebenan, im schattigen Gras. Der eine ist klein, mit ledrigen Blättern und fast stielloser, kleiner Blüte. Tritt man versehentlich auf ihn, behauptet er sich und richtet sich wieder auf. Der andere ist hochgewachsen, hat grosse,

Löwenzahn auf Mergelweg …

ausladende dunkelgrüne Blätter und eine duftende tiefgelbe Blüte. Es ist gut möglich, dass beide vom Samen derselben Eltern abstammen. Welch erstaunliche Anpassungsleistung! Wenn wenig da ist, wachsen sie kaum, überleben aber trotzdem. Eine Katze dagegen würde bei Nahrungsmangel verhungern, sie kann nicht einfach klein wie eine Maus bleiben. Pflanzen wiederum sind sesshaft, sie können nicht einfach davonrennen.

… und in der Wiese

Charles Darwin war ein Kind des neunzehnten Jahrhunderts, geprägt von einem mechanistischen Weltbild und der Vorstellung von sozialen Hierarchien: Zuoberst in der Evolution steht auch bei ihm der Mensch, dann folgen die Tiere, und ganz unten sind die Pflanzen. Doch in den letzten 150 Jahren gewannen die Wissenschaften weitere wichtige Erkenntnisse, die uns wiederum zwangen, unser Bild über die Welt, in der wir leben, grundlegend zu überdenken: von Einsteins Relativitätstheorie über die Quantenphysik und die Chaostheorie bis hin zu Theorien der Selbstorganisation und Emergenz. Sie haben die Vorstellungen von einer hierarchisch aufgebauten und chronologisch geordneten Evolution durch die Vorstellung von einer netzartigen, nichtlinearen, nichtisolierten Koevolution ersetzt, welche die belebte Welt verwandelt. Heute sehen wir das evolutionäre Geschehen als ein Nebeneinander, nicht ein Untereinander. Evolution wird als eine Weiterentwicklung in verschiedene Richtungen, nicht als eine Höherentwicklung gesehen. Manchmal findet Evolution auch zusammen statt, wie zum Beispiel bei Blütenpflanzen und Insekten. In diesen Theorien befindet sich alles Leben auf einer Ebene. Es braucht zur Erklärung der Evolution auch keine überragende, unsichtbare Kraft, welche die ganze Entwicklung systematisch in eine bestimmte Richtung lenkt.

Pflanzen also. Pflanzen, mit denen wir verwandt sind und die doch ganz anders sind; die rege Beziehungen mit ihrer Umwelt unterhalten, exzellente Networkerinnen sind, sich an Vergangenes erinnern und diese Erfahrungen in ihre Entscheidungen einbeziehen; die einige Forscher sogar für intelligent halten; die so gar nicht dem bisher gängigen Bild des passiven Bioroboters entsprechen, der bloss sein genetisches Programm abspult und auf vorbestimmte Art und Weise reagiert.

Die neuen wissenschaftlichen Untersuchungen haben das Bild der Pflanze vom Kopf auf die Füsse gestellt. Im letzten Jahrhundert sind Tiere allmählich der mechanistischen Falle entronnen, denn wir wissen heute: Tiere sind keine Sachen. Nun setzt sich diese Sichtweise langsam auch für Pflanzen durch. Endlich.

Doch welche konkreten Schlussfolgerungen lassen sich daraus ziehen? Zwei liegen auf der Hand: Zum einen ergeben sich viele neue Perspektiven für die Landwirtschaft. Zum anderen sollten wir unsere Beziehungen zu Pflanzen überdenken.

Eine Maispflanze in einer Monokultur zum Beispiel steht da wie eine Autistin: Sie wird von oben bis unten mit Pestiziden gegen Schädlinge besprüht und mit Kunstdünger gefüttert. Warum soll sie sich noch mit ihren Nachbarinnen via Duftstoffe austauschen, sie vor Schädlingen warnen oder Nützlinge anlocken? Auch der Aufbau eines unterirdischen Beziehungsnetzes oder einer fruchtbaren Oase im Wurzelbereich, um Milliarden kleinster Lebewesen für sich arbeiten zu lassen, ist in einer Monokultur zwecklos. Die Pflanze kann auch nicht lernen, wie sie mit Schädlingen umgehen könnte – der angesprühte Pestizidmantel lässt diese Erfahrung nicht zu. Sie schafft es nicht, sich selbst zu schützen. Ihr Potential wird völlig ignoriert.

Eine zukunftsorientierte Landwirtschaft jedoch nutzt das Potential der Pflanze und traut ihr einiges zu: Pflanzen könnten mit ihren eigenen Duftstoffen vor einer Raupeninvasion gewarnt werden. Mit Wildblumen könnten Nützlinge ins Feld gelockt werden. Damit liesse sich der Einsatz von Pestiziden vermeiden. Das pflanzliche Immunsystem könnte mit pflanzeneigenen Substraten gestärkt werden. Robustes Saatgut, von Bäuerinnen und Bauern seit Jahrhunderten gezüchtet und selektioniert, könnte weiterentwickelt werden und helfen, Klimaextreme zu überwinden.

Permakultur zum Beispiel ist eine Landwirtschaft, die sich durch eine unglaubliche Vielfalt und Experimentierfreudigkeit auszeichnet – weit mehr als bisher im Biolandbau üblich. Unsere Reise führt uns im folgenden Kapitel zuerst auf den Krameterhof von Sepp und Veronika Holzer im österreichischen Tauerngebirge. Anschliessend geht es tief ins Landesinnere von Südindien, wo Sebastian und Thankamma Thadathil einen in dieser Gegend gar nicht so ungewöhnlichen Homegarden bepflanzen – auf seinen vielen Etagen wächst eine unermessliche Fülle von Früchten, Gemüse und Heilmitteln.

Die entscheidende Frage aber ist, ob solche Vielfaltslandwirtschaften ein Rezept für die Landwirtschaft der Zukunft sein können, sowohl im Süden wie auch im Norden. Eine Landwirtschaft, die der Belgier Olivier De Schutter, der frühere UN-Sonderberichterstatter für das Recht auf Nahrung, so beschreibt: »Es braucht neue ökologische Landwirtschaftssysteme, die die Natur nachahmen, und nicht industrielle Prozesse; solche, die externe Inputs wie synthetischen Dünger oder Öl ersetzen mit dem Wissen, wie die Kombination von Pflanzen, Bäumen und Tieren die Produktivität erhöhen kann. Dazu ist vor allem auch ein vertieftes Verständnis koevolutionärer Entwicklungen und Zusammenhänge nötig.«[72] Darüber unterhielt ich mich mit Hans Herren und Vandana Shiva.

Zum anderen stellt sich die Frage nach unserem Verhältnis zu Pflanzen. Wie mir der Philosoph Hans Werner Ingensiep in einem Interview[73] sagte: »Grundsätzlich gibt es aus der Perspektive der Evolution keinerlei gute Gründe, Pflanzen zu Underdogs in der Ethik zu machen.« Die Frage ist, ob nicht auch Pflanzen mehr Respekt verdienen und ob nicht auch sie Rechte haben sollten. Das ist das Thema des letzten Kapitels.

Ein Garten Eden in garstiger Höhe

Florianne Koechlin und Sepp Holzer

Im österreichischen Tauerngebirge, wo die jährliche Durchschnittstemperatur gerade einmal vier Grad beträgt, sollen Orangen, Maiherzkirschen und exotische Orchideen wachsen? Unmöglich! Und doch sah ich es mit eigenen Augen auf dem Krameterhof von Sepp und Veronika Holzer. Ich nahm an einer ihrer Hofführungen teil – und war begeistert. Das war im September 2006.[74]

Der Krameterhof liegt hundert Kilometer südöstlich von Salzburg auf 1100 bis 1500 Metern Höhe. Gleich hinter dem schweren schmiedeeisernen Tor beginnt eine andere Welt. Draussen, vor dem Tor, eine karge, steile Berglandschaft mit Weiden und Gebüsch. Drinnen wächst ein undurchdringliches Dickicht. Ich bleibe erst einmal stehen, überwältigt von all dem drängenden Wachsen und Spriessen um mich herum. Mit der Zeit entdecke ich im dichten Gehölz einen Mirabellenbaum, seine Früchte sind gelb, süss und saftig. Dann einen Apfel-, einen Birn- und einen Pflaumenbaum. Alles wächst wild durcheinander, zusammen mit vielen anderen Bäumen und Büschen. Das Ganze ist ein essbarer Dschungel.

Inzwischen haben sich am Treffpunkt rund dreissig Leute für die Hofführung versammelt und warten auf Sepp Holzer. Dieser erweist sich als stämmiger Bauer mit angegrautem Vollbart und einem Schlapphut. Als Erstes zeigt er uns oben am Hang einen kleinen Orangenbaum voller reifer Früchte, die in der Sonne orange leuchten. Es stimmt also, hier wachsen Orangen! »Natürlich ist das Spielerei, Experimentierfreude. Ich habe hier oben keine Orangenplantage. Doch da wachsen massenhaft Gurken, Zucchini, Kürbisse und natürlich viel Obst. Wir haben Tausende von Obstbäumen«, sagt Sepp Holzer.

Orangen auf 1300 m ü.M.

Er erklärt auch gleich, warum der Orangenbaum so gut gedeiht: »In dieser Mulde am Hang ist es windgeschützt und folglich wärmer. Dorthin lege ich grosse Steine. Die speichern die Wärme – das ist der Kachelofeneffekt. Die Steine schwitzen, unter ihnen bildet sich Kondenswasser. Die feuchten Orte sind ideal für Regenwürmer, die den Pflanzen Nährstoffe zur Verfügung stellen. In diese ›Sonnenfallen‹ setze ich besonders wärmebedürftige Pflanzen, wie eben einen Orangen- oder

Kiwis

einen Kiwibaum.« Er fügt an, dass auf dem Krameterhof fünf verschiedene Kiwisorten wachsen. Der Biobauer aus Österreich ist inzwischen weitherum bekannt für seine ausgeklügelte Bewirtschaftungsart.

Als Sepp Holzer den fünfzig Hektar grossen Hof 1962 von seinem Vater übernahm, begann er mit einer radikalen Umgestaltung der Steilhänge. Mit Baggern liess er das Gelände terrassieren und grosse Mulden für Teiche ausgraben. Heute staffeln sich die breiten Terrassen den Hang hinauf, über eine Höhendifferenz von 400 Metern bis auf 1500 Meter. Zwischen Wäldchen und Hügelbeeten befinden sich über siebzig Teiche und Tümpel. Mit ihnen könne er den Kachelofeneffekt nochmals unterstützen, erklärt der Biobauer: In den windgeschützten Mulden der Terrassen lege er sie an. Hinten und vorn platziere er grosse Steine. »Die Sonne scheint ins Wasser und wird reflektiert. Die Steine speichern diese Wärme. Dank Brennglaseffekt und Wärmereflexion entsteht in dieser Mulde ein Kleinklima wie in einem Backofen, und zudem habe ich Feuchtigkeit gestaut.« Dort kämen besonders wärmebedürftige Pflanzen hin.

Sepp und Veronika Holzer betreiben eine eigene Art der Permakultur. Der Begriff heisst »permanente Kultur«: In dieser Art der Bewirtschaftung soll immer etwas wachsen, zu jeder Jahreszeit. Die Permakultur wurde vom Australier Bill Mollison entwickelt, der dafür 1981 den Alternativen Nobelpreis erhielt. Sie setzt in noch viel grösserem Ausmass auf Vielfalt als der Biolandbau. Die natürlichen Wechselwirkungen zwischen Pflanzen, Tieren und der physikalischen Umwelt auszunutzen ist ein weiteres zentrales Merkmal dieser Landbewirtschaftung. Ein Beispiel sind die

»Sonnenfallen«, die Sepp Holzer uns soeben demonstriert hat. »Permakultur beschreibt weniger eine bestimmte Anbaumethode als vielmehr eine Philosophie, wie landwirtschaftliche und soziale Systeme nachhaltig aufgebaut werden sollen«, schreibt der Wirtschaftswissenschaftler Stefan Rotter, der den Krameterhof lange Zeit wissenschaftlich untersucht hat, in seiner Diplomarbeit[75]. »Zentraler Punkt ist das Lernen und Nachvollziehen natürlicher Vorgänge in Ökosystemen.«

Wir beginnen die Exkursion. Sepp Holzer schreitet zügig voran, und bald erreichen wir einen grösseren Teich, vielleicht hundertzwanzig Meter lang und vierzig Meter breit. Hier gebe es Schwarzbarsche, Regenbogen- und Bachforellen, Hechte, Welse, Karpfen, Schleien und Störe, erzählt der Biobauer – »Ja, die Störe gefallen mir halt besonders gut« –, sowie natürlich Krebse und Muscheln. Der Teich ist an einem Ende flach, durchsetzt mit Baumstrünken und grossen Steinen. Ein Schwarm Jungfische flitzt gerade ins Holzdickicht. »Stell dir vor, du wärst da drinnen eine junge Forelle, da würdest du dich in diesen geschützten Ecken wohl fühlen«, sagt Sepp Holzer. Diese Aufforderung werden wir während der Exkursion immer wieder hören: Wir sollten uns in die Tiere, in die Pflanzen hineindenken, richtig hineinfühlen müssten wir uns, wenn wir herausfinden wollten, wie sie am besten gedeihen.

Er zeigt auf einen träge dahinschwimmenden Karpfen und fährt fort: »Im Teich gibt es reichstrukturierte Flach-, Kraut- und Tiefzonen mit unterschiedlichen Temperaturen. Mit diesen verschiedenen Biotopen kann ich Fried- und Raubfische in einem Teich halten. Da hat jeder seinen Laichplatz. Das Leben im Teich reguliert sich selber, ein wunderbar funktionierender Futterkreislauf, da muss ich nichts dazu tun, kein Futter, keine Pflege, nichts.« Er erklärt, dass alle zweiundsiebzig Teiche durch Kanäle miteinander verbunden seien und ein einziges grosses, zusammenhängendes Wassernetz bildeten. Mittels Hochdruckturbinen produziere er mit diesem Wassersystem den Strom für den Betrieb. Die Teiche werden periodisch abgelassen, um die Fische zu fangen. Zu diesem Zweck sind Abflussrohre vorhanden, an denen Behälter angeschlossen werden. Mit Hilfe eines Netzes bleiben die Fische unverletzt im Behälter und können abgefischt werden.

Wir gehen weiter. Der Weg führt steil den Hang hinauf, durch offenes, steiniges Gelände. Sepp Holzer wartet bei einem bewachsenen Steinhaufen und schüttelt einige der grossen Pflanzen – ein intensiver Zitronengeruch erfüllt die Luft. Es ist Zitronenmelisse. Daneben spriessen Minze, Thymian, Salbei und Majoran. »Auf diesem Steinhaufen ist kaum Erde«, sagt Sepp Holzer, »nur Staub und Steine. Auf dem kargsten, dem trockensten Platz wachsen die Pflanzen mit dem besten Samen.« In Fachbüchern stehe, fährt er fort, dass man das beste Saatgut von den grössten Pflanzen an den besten Standorten erhalte, von Pflanzen also, die immer verhätschelt, gegossen und gedüngt würden. Diese würden abhängig und süchtig, und das sei falsch: »Ich möchte Saatgut von Pflanzen, die auf kargstem Boden gerade noch Samen hervorbringen; diese Körnchen sind die besten, da ist Energie drin, die bauen auf.«

Er fährt sich mit seiner grossen Hand durch den Bart und nimmt seine philosophischen Betrachtungen wieder auf. »Experimentieren müsst ihr«, sagt der Biobauer. »Oft denkt man sich: Nein, das geht nimmer, das geht kaputt. Man stutzt sich immer selber die Flügel, aber so kann man das Fliegen nie lernen. Doch ihr müsst neugierig sein, ihr müsst euch von der Natur mitnehmen lassen: Probiert aus, ob die Pflanze hier im Licht besser wächst oder dort im Schatten und welche sie besonders gern als Nachbarinnen hat.« Er nennt ein Beispiel: »Wenn der Boden sehr feucht ist, kann ich einen Teich ausgraben und Fische züchten. Wenn aber dort wertvolle Gräser und Knabenkraut – eine Orchideenart – wachsen, kann ich diese vermehren und eine Orchideenzucht beginnen oder verschiedene Heilkräuter anpflanzen, Kalmuswurzeln zum Beispiel. Wichtig ist, dass ich die Vielfalt erhalte und erhöhe, damit bewahre ich das ganze System. Eine Pflanze hilft der anderen, es kommt zu Wechselwirkungen und zu Symbiosen. Das ergibt hochwertige Produkte, da wird die Nahrung zu deiner Medizin und nicht nur magenfüllend.« Und er poltert los, gegen Industrie, Politiker und »Gschtudierte«, die Industrienahrungsmittel produzierten und alles falsch machten. Die Rolle des David, der den Goliath bekämpft, gefällt ihm sichtlich, eines seiner Bücher heisst – nicht bescheiden – *Der Agrar-Rebell.*[76]

Wieder geht's bergauf, entlang einem kleinen Wald. In Einerkolonne steigen wir hoch. Es ist eine vergnügte Gruppe, einige essen eine eben gepflückte Williams Christbirne, andere einen Apfel oder eine Reineclaude. Fast alle sammeln links und rechts des Weges Samen ein. Ein Schweizer Ehepaar, das im Napfgebiet einen Bauernhof betreibt, ist mit grossen Papiersäcken unterwegs. Das sei ihr dritter Besuch hier auf dem Krameterhof, erzählt die Bäuerin, und dieses

Mal wollten sie vor allem Saatgut sammeln, Lupinensamen zum Beispiel oder Samen von der Färberkamille, von Heilkräutern, bodenverbessernden Pflanzen, von Getreide und Gemüse. Die wollten sie auf ihrem Hof im Napfgebiet aussäen und ausprobieren, was am besten gedeihe.

Wir erreichen den nächsten Teich. Am Rande wachsen grosse Schwertlilien: *Iris sibirica, Iris germanica* und *Iris pseudacorus,* erklärt Sepp Holzer. Diese könne er gut verkaufen. Ein Hotel, das gerade einen Teich anlege, zahle dafür rund 1200 Euro, für besonders grosse Stöcke erhalte er gar 2000 Euro. Auch die Samen könne er verkaufen.

Es imponiert mir, dass Sepp Holzer kein Schwärmer, kein ökologischer Schöngeist ist. Bei ihm muss alles rentieren. Schon als Bub habe er, erzählt er stolz, eine Kaulquappe aus seinem selbstangelegten Teich gegen ein Jausenbrot eingetauscht oder von seinen Schulkameraden für jede Besichtigung seiner kleinen Fische einige Schillinge verlangt.

Der Krameterhof ist Selbsternteland. Jedes Jahr kommen Tausende von Leuten, um Obst und Gemüse zu ernten. Dies würden sie ohnehin nicht auf den Märkten verkaufen, das wäre viel zu aufwendig, meint der Bauer. Lohnend aber sei der Verkauf der Fische, Krebse, Schweine, Heilkräuter, Pflanzensamen und Bäume. Auf dem Krameterhof wachsen 14000 Obstbäume. »Wunderbare Obstbäume haben wir, viele verschiedene Apfelbäume zum Beispiel, auch ganz alte Sorten«, sagt Sepp Holzer. »Und Kirschbäume. Im Sommer habe ich die schönsten grossfruchtigen Maiherzkirschen oder Petzkirschen. Das sind alles selbständige Bäume, die müssen nicht geschnitten werden. Denn wenn man Bäume schneidet – ich hab ja Baumschulwärter gelernt –, dann muss man sie immer schneiden; sie werden abhängig und süchtig. Die hätten keine Chance hier oben. In jedem österreichischen Lehrbuch steht, dass Obstbäume in Höhen über 1000 Meter nicht mehr wachsen. Doch hier gedeihen sie prächtig, auf 1300 Metern.« Er verkaufe viele Obstbäume, ganze Lastzüge gingen nach Schottland oder nach Deutschland. Das sei ein gutes Geschäft.

Bald erreichen wir den Schweinekoben: einen grobgezimmerten Holzunterstand inmitten eines grossen, umzäunten Feldes. Zwei mächtige Säue mit schwarzem Bauch kommen neugierig heran. Andere wühlen den Boden auf, grunzen und quietschen, die kleinen Ringelschwänze über den prallen Hinterbacken sehen lustig aus. Sepp Holzer sagt: »Die rund hundertköpfige Schweineherde macht die meiste Arbeit für mich, die Säue ackern, eggen und düngen den Boden, ich muss nachher nur noch aussäen.« Er hält robuste Schweinerassen, wie das Schwäbisch-Hällische Schwein, das kroatische Turopolje- und das ungarische Mangalitza-Schwein mit seinem zottigen schwarzen Fell. Die Schweine fressen Gras und Klee sowie Kartoffeln, Topinambur, Gemüse und Obst oder was es gerade hat. Beim Wühlen lockern sie den Boden auf, und mit ihrem Kot düngen sie ihn. »Wenn sie mit einem Feld fertig sind, brauche ich sie nur auf das nächste Feld zu treiben, und dann kann ich einsäen, das ist alles fertig

Schweine pflügen und düngen

gemacht. Es gibt keine Schnecken, keine Überpopulation irgendwelcher Schaderreger, die Schweine regulieren das. Da wächst das schönste Gemüse und Getreide. Null Arbeit. Nur die Felder wechseln.« Der Boden sei hier oft so steinig, fährt er fort, dass er für seine Obstbäume mit dem Spaten kein Loch graben könne. Jeder Pflug gehe kaputt. Die Schweine aber seien elastische Pflüge, die kämen überallhin. So könne er die steilsten Hänge bewirtschaften. Und er fügt an: »Die Gratispflüger rechnen sich auch ökonomisch: Wir verkaufen Fleisch sowie Jung-, Zucht- und Mastschweine.«

Unser Weg führt weiter zu einem breiten, terrassierten Feld. Taubenblaue Zichorie – ein Bittersalat – säumt den Weg. Zwischen den hohen Getreideähren wächst gelbblühende Färberkamille, als Untersaat etliches Gemüse, und es gibt auch Kartoffeln. »Das ist Sauarbeit«, sagt Sepp Holzer, »die haben hier alles bearbeitet, ich musste nur einsäen. Sie kommen später wieder hierher und fressen alles, was wir Menschen nicht genommen haben. Ich brauche sie nicht extra zu füttern.« Jemand fragt, ob es um dieses Gemüse nicht schade sei. »Ja, freilich, das wäre wunderbar zum Essen – doch das ist auch Futter für die Schweine. Alles selbst zu ernten wäre ein Riesenaufwand. Dann müsste ich die Viecher füttern und einsperren, das ist ja Unsinn. Ich bin doch kein Gefängniswärter, der seine Gefangenen füttern muss! Nein, die Schweine sind immer draussen, sie finden Schutz in den Koben und fressen, was sie finden. Einsperren tu ich die nicht. Und wenn für Rinder und Wild aus dem Wald auch noch etwas übrig bleibt, umso besser.«

Die Sonne brennt, wieder steigen wir bergan und erreichen endlich die Blockhütte, wo Veronika Holzer mit einer reichen Jause aufwartet. Sie hält sich immer im Hintergrund, doch ohne sie wäre der Krameterhof undenkbar. Sie besorgt das Büro, hilft überall aus, führt den Hof während Sepp Holzers Abwesenheit und begleitet ihn auf seinen Reisen. Vier Kinder haben sie grossgezogen. Jahrelang haben sie und ihr Mann den Hof allein geführt; heute hilft ein Nachbarsbauer aus, weil die Holzers so oft auf Vortragstournee sind. Eine Sekretärin bewältigt die viele Post.

Nachdem wir uns gestärkt haben, geht die Führung weiter. Am Waldrand lässt uns Sepp Holzer anhalten. Er weist auf den gegenüberliegenden Berghang auf der anderen Seite des Tals. Dort zeigt sich uns ein Bild der Verwüstung. Wir sehen grosse, gänzlich kahle Flächen, durchsetzt mit einigen kleinen Waldstücken. 2002 habe ein mächtiger Sturm sämtliche Fichtenwälder in der Region schwer beschädigt, reihenweise seien die Bäume umgestürzt, sagt Sepp Holzer. Doch seine Wälder hätten kaum gelitten. Warum? »Schaut euch dort drüben diese Fichtenmonokulturen an: alles nur Fichten, reine Fichtenwüsten. Die Bäume haben oben grüne Wipfel, aber unten bloss dürre Äste. Der Waldboden ist übersäuert, Bodenlebewesen sterben ab, Quellen versiegen, die Vitalität nimmt ab. Jedes Jahr werden die Kahlflächen grösser, weil immer mehr Wald zusammenbricht. Doch mein Mischwald hier hat den Katastrophensturm von 2002 problemlos überlebt. Da sind Lärchen, Tannen, Vogelkirschen, Weiden dabei, auch Ulmen – unsere heimische Bergulme –, alles ist bunt gemischt. Das Wurzelsystem ist vielfältig und gut verankert, der Boden grün bewachsen. Das sind vitale, elastische Bäume, denen kann weder Schnee noch ein Sturm etwas anhaben.«

Wir marschieren weiter, auf einem breiten Weg geht es nun bergab. Alle – nicht nur ich – scheinen müde zu sein. Ich lasse den Tag Revue passieren. Ein Wirbelsturm an Eindrücken, eine schier unfassbare Vielfalt an Bildern, Gerüchen, Aromen, Namen. Eine grosse Lust, zu Hause selbst mit all den Samen zu experimentieren, die ich während des Tages gesammelt habe. Sepp Holzer, einige Meter vor mir, ist immer noch pausenlos am Diskutieren und Dozieren. Er weiss, was richtig und was falsch ist. Richtig ist es meistens so, wie es früher war, als die Kinder noch mit Rosskastanien spielten. Und falsch ist es so, wie es heute ist. Die Kinder würden verwöhnt, spielten nur noch mit Plastikspielsachen und hockten vor dem Fernseher. Trotz allen Erfolges ist er Bauer geblieben. Mit den Bauern in der Gruppe fühlt er sich wohl. Alle duzen sich. Er redet ihre Sprache, einen deftigen Dialekt, gespickt mit Bildern und Anekdoten, ein brillanter Rhetoriker. Der Biologin aus der Schweiz gegenüber verhält er sich anfangs eher reserviert, beginnt erst mit der Zeit aufzutauen. Beim höflichen Sie bleibt es trotzdem.

Wir kommen zum Ausgangspunkt zurück. In der Abschlussrunde werden ihm zahlreiche Fragen gestellt, auf alle weiss er eine Antwort. Zwei bleiben mir in besonderer Erinnerung: Ein Imker will wissen, ob es ein Mittel gegen die Varroamilbe gebe, die ganze Bienenvölker zerstören könne. Ganz einfach, sagt Sepp Holzer, er montiere eine Bienenbremse vor den Stock. Diese verhindere, dass die Bienen gleich in die Höhe fliegen können, und zwinge sie, zuerst ein Beet mit würzigen Heilkräutern zu durchqueren – Quendel, Majoran, Thymian und viele mehr –, das sei die beste Medizin gegen die Milben und ergebe zudem hochwertigen Medizinalhonig.

Ein Bauer fragt, ob auch Wildpilze kultiviert werden könnten. Sepp Holzer geht und bringt einen löchrigen alten Jutesack, den er mit einem Finger leicht anklopft. Eine schwarze Wolke entweicht: Sporen des Riesenbovists. Er binde diesen mit einem alten Pilz gefüllten Sack an einen Baum, erklärt er. Vor den Sack hänge er einen Holzstock, an dessen unterem Ende ein quadratisches Blech befestigt ist. Starker Wind schlage den Stock mit dem Blech gegen den Sack – die entweichenden Sporenwolken würden weiträumig in der Umgebung verteilt und seine Pilzkulturen damit ins Leben gerufen.

Ich frage ihn zum Schluss, ob seine Permakultur sich auch für grosse Monokulturflächen eigne. Natürlich funktioniere das überall, sagt Sepp Holzer. Mais pflanze er selbst auch an, und zwar zusammen mit Erbsen und Bohnen, die dem Boden Stickstoff liefern. Das sei dann Futter für Tiere, für Rehe oder Rinder. Oft würde er drei oder vier Wochen vor der Maisernte Klee, Salate und Herbstrüben in den Mais einsäen. »Die beginnen zu keimen, und wenn der Mais weg ist, bekommen sie Licht und werden von der Natur aufgerufen zu wachsen, und im Nu habe ich wieder ein wunderbar grünes Feld, das ich mit den Rindern beweiden kann. Und wenn ich's seinlasse, kommt alles den Bodenlebewesen zugute.« Diese Prinzipien, sagt er, liessen sich auch bei grossen Maisfeldern anwenden.

Monokulturen seien furchtbar. Wenn er sich vorstelle, wie eine Maispflanze mit den Füssen in der Chemie zu stehen und oben durchgespritzt zu werden – unerträglich sei das, gar nicht zu beschreiben. Zudem beuteten Monokulturen den Boden einseitig aus. Und es sei völlig falsch, die

Felder im Winter ungeschützt zu lassen. Der Boden könne ausfrieren und Schaden erleiden; die Bodenlebewesen flüchten im Winter, oder sie erfrieren eben. Der Boden muss immer bedeckt in den Winter gehen. Mit rotem Kopf fährt er fort, einige Dezibel lauter als zuvor: »Die moderne Landwirtschaft macht fast alles verkehrt. Die Erde wird ausgelaugt, die Pflanzen werden süchtig gemacht. Der Mensch muss lenkend eingreifen, er hat das Hirn zum Lenken und nicht zum Bekämpfen bekommen, aber er setzt es meist zum Bekämpfen ein: Unkraut bekämpfen, Ungeziefer bekämpfen – so bekämpft man sich ein Leben lang selber.«

Wir verabschieden uns, mit Säcken voller Samen und in bester Laune. Auf dem Heimweg lese ich Stefan Rotters Studie. Er verglich den Obstbau auf dem Krameterhof mit einer konventionellen Obstplantage. Der Plantagenanbau sei keineswegs effizienter, schreibt er, brauche aber ein Vielfaches an Energie. Auch Sepp Holzers Schweinehaltung schneidet gut ab. Im konventionellen Mastbetrieb müsse pro Schwein siebzehnmal mehr Arbeit investiert werden als auf dem Krameterhof.

Sepp Holzer ist ein Pionier, sehr erfolgreich und besessen von seiner Mission. Es mag sein, dass er sich auch selbst mit seinem Eigensinn in die Quere kommt: Er ist ein Einzelkämpfer, der sich mit vielen anlegt, mit Feinden und Freunden. Mit ihm zusammenzuarbeiten sei schwierig, sagen mir verschiedene Vertreter von Bio Austria, dem grossen Biobauernverband Österreichs.

Aber die wirkliche Hürde ist nicht Sepp Holzers Person, sondern dass seine Ideen und Vorschläge so unkonventionell sind, dass selbst vom Biolandbau überzeugte Frauen und Männer zögern, sich damit anzufreunden. Seine essbaren Wälder, seine mitten im Gras wachsenden Kabisköpfe und Rüben, seine pflügenden Schweineherden – sie stellen alles auf den Kopf, was an Landwirtschaftsschulen gelehrt wird und was wir alle als Bilder gewohnt sind. Da wäre ein radikales Umdenken nötig. Welches Chaos! Welch exorbitante Vielfalt! Welch herrliches Durcheinander!

Das Heilpflanzenparadies von Kerala

Sebastian
und Thankamma Thadathil

Sebastian und Thankamma Thadathil kultivieren wie Sepp Holzer eine phänomenale Vielfalt an Gewächsen. Ihr Homegarden im südindischen Bundesstaat Kerala ist ein kleines Paradies, hier wachsen Baumfrüchte, Heilpflanzen, Gemüse und Gewürze. Doch im Unterschied zum österreichischen Bauern sind die beiden keine Ausnahmeerscheinungen, keine Einzelkämpfer. Homegardens haben in Kerala eine lange Tradition.

Ich treffe Sebastian am Bahnhof der Stadt Kozhikode, des vormaligen Calicut. Sein offenes Gesicht und seine kurzen grauen Haare fallen mir sofort auf. Er trägt ein um die Hüfte geschlungenes Tuch. In einem überfüllten Bus fahren wir drei Stunden bis Thottipalam, ein kleines Dorf tief im Landesinneren.

Seine Frau Thankamma, die mich herzlich begrüsst, trägt einen burgundroten Sari und kleine goldene Ohrringe. Sie spricht nur Malajalam, die in Kerala am weitesten verbreitete Sprache, so wie alle, die ich während meines Besuches treffen werde. Nur Sebastian ist des Englischen kundig; er wird mein Dolmetscher und Lehrer sein.

Im kleinen Haus meiner Gastgeber ist es angenehm kühl. In der Küche und im Schopf hängen Pflanzen zum Trocknen, auf Gestellen stehen kleine Dosen mit Tabletten, Fläschchen mit Ölen und Salben und PET-Flaschen mit zitronengelber Flüssigkeit. Letzteres sei ein Putzmittel, das darin enthaltene Zimtöl wirke auch gegen Fliegen, sagt Sebastian. Alle Essenzen und Medikamente hätten sie aus einheimischen Pflanzen selbst hergestellt.

Auf der Busfahrt hatte mir Sebastian zuvor erzählt, dass er und seine Frau mit hundert Bauernfamilien eine Gemeinschaft bildeten, die seit Ende der neunziger Jahre von der M.S. Swaminathan Research Foundation unterstützt werde. Die Gemeinschaft versorgt sich grossenteils selbst, alle Mitglieder produzieren biologisch und in Vielfaltskulturen. Es sei eine Art Tauschhandelszone wie in früheren Zeiten, beinahe ohne Geld. Medizinalpflanzen würden gegen Auberginen eingetauscht, Maniok gegen Ananas oder Arbeit. Auf diese Weise hätten sie eine grosse Unabhängigkeit erreicht. Sie seien den Unberechenbarkeiten des Marktes weniger ausgeliefert, sie müssten auch keine Agrochemie zukaufen. Manch eine Familie habe bei ihnen wieder eine Lebensperspektive gefunden.

Nun führt er mich in den Schopf und zeigt auf fünf verschiedene, zum Trocknen aufgehängte Kräuter. Alle hätten fiebersenkende Eigenschaften. Nach dem Trocknen würden sie zu gleichen Teilen gemischt, maschinell pulverisiert und zu Tabletten gepresst, erzählt Sebastian. Von überall her kämen die Leute, um sich mit ihren Medikamenten zu versorgen. Die konventionellen Arzneimittel seien viel zu teuer, die könnten sich die meisten hier gar nicht leisten. »Als die synthetischen Medikamente aufkamen, gerieten die traditionellen Heilmittel langsam in Vergessenheit. Das grosse Wissen unserer Vorfahren ging beinahe verloren. Das wollen wir ändern. Wir suchen nach alten Rezepten, wir befragen Leute, wir lernen von der Ayurveda-Medizin, besuchen Seminare.« Sebastian, der einst einer Schule für Behinderte vorgestanden hatte, liess sich frühzeitig pensionieren, um sich ganz der traditionellen Pflanzenmedizin und dem Biolandbau zu widmen.

Dazu gehört ihr Homegarden, der sich von ihrem Haus bis zu einem Bach hinzieht und den wir nun besichtigen. Homegarden oder Forestgarden – am besten übersetzt mit Waldgarten – bezeichnet eine Landbewirtschaftung, die sich durch eine grosse Vielfalt auszeichnet, eine Vielfalt auf mehreren Etagen, von hohen Bäumen bis hin zu bodenbedeckenden Gewürzen und Gemüsen. In Sebastians und Thankammas Homegarden bilden Kokospalmen den obersten Stock. Unter ihrem lichten Schatten gedeihen verschiedene Bäume: Papayabäume, ein Jackfruchtbaum mit den riesigen genoppten Fruchtkugeln, ein Jambulbaum, rot getupft von unzähligen kleinen Früchten. Auch etliche Bananenbäume finden sich hier. Sechs verschiedene Sorten habe er gepflanzt, sagt Sebastian. »Diese vor uns mit den noch unreifen grünen Bananen heisst auf Malajalam *ambala kadali*«, erklärt er mir. »Sie produziert stark parfümierte Bananen. Besonders in hinduistischen Tempelzeremonien ist sie sehr beliebt.« Der Bananenbaum nebenan trägt dicke dunkelrote Bananen, auch sie sind noch nicht ganz reif. Vom nächsten Baum reicht er mir eine Frucht. Trotz der grünen Farbe ist sie sehr süss, mit einem leichten Apfelgeschmack. Diese aromati-

Jackfruchtbaum im Homegarden

sche Frucht hat mit unserer langweiligen Chiquita-Banane wahrhaftig nur den Namen gemeinsam!

Ein Stockwerk tiefer gedeiht verschiedenes Untergehölz. Mein Begleiter weist auf einen Hennastrauch, dessen Blätter, zu einer Paste verarbeitet, einen roten Farbstoff produzieren. Daneben finden wir Maniokstäucher, kleine Ananaspflanzen, Zitronenbäume mit gelben Früchten. Auch einige Chilibüsche wachsen hier, solche mit baumnussgrossen grünen Schoten, andere mit länglichen, fast schon roten Früchten.

Wir folgen dem Weglein zum Bach hin, immer wieder anhaltend, auskundschaftend in diesem mehrstöckigen kultivierten, fruchtbaren Urwald. Die Sonne scheint durch die Kokospalmenwipfel, ein lichtes Farbenspiel in unendlich vielen Grüntönen, unbeschreiblich schön.

Einige Hühner streifen durchs Gebüsch, zusammengehalten von einem aufgeregt krähenden Hahn. Sebastian weist auf den Boden – die unterste Etage – und zeigt mir verschiedene Kräuter und Gemüse. Er gräbt eine kleine Pflanze mit einem dicken unterirdischen Wurzelstock, einem Rhizom, aus. Es ist Kurkuma. Aus dem Rhizom wird das Kurkumapulver gewonnen, das als Currygewürz sehr beliebt ist. Das Pulver wirke zudem als Blutreiniger, Antiwurmmittel und Antiseptikum, erzählt er. Auch Gallensteine könnten mit Kurkuma bekämpft werden. Seide und Baumwolle würden mit dem leuchtend gelben Pulver gefärbt.

An manchen Bäumen ranken Kletterpflanzen empor – hier gleich vor uns ein grosser Pfefferstrauch, der sich um eine Kokospalme windet. Lange Schoten hängen an der Pflanze, die einzelnen Körner gut sichtbar, einige sind bereits rot. Die Körner müssten erst getrocknet werden, das hier sei weisser Pfeffer, erklärt Sebastian. Pfeffer sei zudem eines der besten antibiotischen Mittel in ihrer Medizin. Ich zerkaue ein Korn, die Schärfe treibt mir Tränen in die Augen.

Es wird rasch dunkel, so wie ich das in den Tropen kenne. Das Licht im Bach wechselt von Rosa zu Dunkelviolett, ein schwerer, lasziver Geruch erfüllt die Luft. Wir gehen ins Haus zurück.

Anderntags besuchen wir Sebastians Freund Auviusthy in seinem Homegarden in einem Nachbardorf. Auch hier wächst ein Minitropenwald mit vielen Etagen. Sein Freund, erklärt er, wisse alles über Pflanzen, seine Eltern und Grosseltern seien bereits grosse Pflanzenkenner gewesen. Auviusthy selbst habe zwanzig Jahre bei der Post gearbeitet und sei weit herumgekommen. Immer habe er Gärten beobachtet und Leute ausgefragt. »Er ist unser Pflanzenguru«, meint Sebastian. Die nächsten fünf Stunden werden wir damit verbringen, den heilenden Eigenschaften von Kräutern, Blättern, Früchten, Wurzeln und Rinden nachzugehen. Sebastian hat ein dickes Wörterbuch bei sich, um Pflanzennamen vom Malajalam ins Englische oder Lateinische zu übersetzen. Die meisten Bezeichnungen in Malajalam werden wir allerdings nicht übersetzen können.

Wir finden Kräuter und Blätter gegen Atemwegserkrankungen, solche gegen Schlangen- und Skorpiongifte, Nierensteine, Menstruationsbeschwerden, Gelenkschmerzen, Hauterkrankungen, Diabetes oder Geisteskrankheiten, gegen alle erdenklichen Beschwerden. Selbst die einheimische »Viagra«-Pflanze fehlt nicht: *maigurena* auf Malajalam oder Juckbohne *(Mucuna pruriens),* in der Ayurveda-Medizin seit über 4000 Jahren bekannt. Die braunen Hülsenfrüchte dürfen nicht berührt werden, sie verursachen Juckreiz. »Selbst Elefanten vermeiden jeglichen Kontakt mit den Schoten«, meint mein Begleiter. Am Nachmittag machen wir uns auf den Heimweg.

Sebastian mit einheimischer »Viagra«-Pflanze

Später kommt eine Frau auf mich zu, mit entstellter Haut und einem Geschwür am Hals. Sie reicht mir einen Zettel, auf dem auf Englisch steht, dass sie Krebs habe und sich eine medizinische Behandlung nicht leisten könne. Die Armut ist allgegenwärtig.

Zurück in Thottipalam, sitzen wir am Abend zu dritt um den Küchentisch, vor uns ein Bananenblatt, auf das Thankamma Reis und Currygemüse gehäuft hat. Vor allem die scharfe Kokosnusssauce mit den gerösteten Jackfruchtkernen schmeckt wunderbar. Gegessen wird mit der rechten Hand.

Am nächsten Tag, auf dem Weg zum Bus, besuchen Sebastian und ich die Bäuerin Akriti. Auch sie kultiviert eine wunderbare Vielfalt an Gemüsen. Sichtlich stolz zeigt sie uns ihren Garten; ich merke, das ist ihr Lebenswerk. Da sind sorgfältig an Bambusstecken hochgezogene Kletterpflanzen, viele verschiedene Arten von Auberginen, Zucchini, Paprika und weiteren, mir unbekannten Gemüsen, solche von kleiner, grosser, dicker oder fadendünner Gestalt, solche mit glatt schimmernder violetter Haut und solche, die aussehen, als hätten sie Fieberblasen. Von allen kennt sie die Eigenarten und speziellen Verwendungszwecke. Viele dieser Sorten habe sie von ihren Eltern und Grosseltern übernommen, andere habe sie neu gezüchtet, erzählt Sebastian.

Nach meiner Rückkehr in die Schweiz recherchiere ich zu Homegardens. In einem Dossier[77] der Welternährungsorganisation steht, dass Homegardens weltweit verbreitet seien, vor allem in feuchten und halbfeuchten Gebieten Asiens,

Afrikas und Lateinamerikas. Gerade für Kleinbauern und Kleinbäuerinnen sei die Mannigfaltigkeit der Homegardens von unschätzbarem Wert. Sie gewährten Stabilität und Sicherheit, denn täglich könne etwas geerntet werden. Bei Krankheitsbefall oder Trockenheit fänden sich immer Pflanzen, die resistent seien und Nahrung böten – ein Sicherheitsnetz für Familien mit knappem Einkommen. Ihre Homegardens ermöglichten vielen Familien eine weitgehende Autarkie. Zudem seien sie weltweite Refugien einmaliger genetischer Vielfalt. Es folgt eine Auflistung der ökologischen Vorteile: Vielfalt erzeugt fruchtbare Böden, schützt vor Bodenerosion; Pflanzen profitieren von gegenseitiger Hilfe und von der Ausnützung spezieller Nischen. Sie werden weniger von Krankheiten befallen. Homegardens seien auch wirtschaftlich rentabel. Sie benötigten zwar mehr Arbeit, seien aber dank ihrer Vielfalt meist sehr viel ertragreicher als Monokulturen. Studien über Kokosplantagen in Südindien bestätigen dies: Im Vergleich zu einer reinen Monokultur aus Kokospalmen schnellt der Hektarertrag auf beinahe das Dreifache, wenn Kokosbäume zusammen mit Pfeffer und Ananas angebaut werden. Um wie viel ertragreicher muss dann diese wunderbare Vielfalt in Sebastians und Thankammas Homegarden sein!

Monokulturen im Kopf

Der Permakulturhof im österreichischen Tauerngebirge, der Homegarden in Südindien: Beide sind erfolgreich dank einer exorbitanten Vielfalt und cleveren Bewirtschaftung, ganz ohne Agrochemie oder Gentechnik.

Es gibt natürlich zahllose weitere solche Erfolgsbeispiele auf der ganzen Welt – doch die grosse Frage ist: Sind sie bloss Einzelfälle, oder sind sie eine Option für die gesamte Landwirtschaft, im Süden wie im Norden? Könnte die Welt mit Agroökologie[78] ernährt werden? Vandana Shiva und Hans Herren glauben an diese Vision. Sie setzen sich seit Jahrzehnten an vorderster Front dafür ein. Beide erhielten für ihre bahnbrechenden Arbeiten den Alternativen Nobelpreis und zahlreiche weitere Preise.

Die indische Ökologin, Philosophin und Aktivistin Vandana Shiva ist weltweit bekannt für ihr Engagement gegen Agrogentechnik und die Patentierung unserer genetischen Ressourcen. Sie unterstützte Gentechkritikerinnen in der Schweiz bei Abstimmungskämpfen, überzeugte in Bayern 3000 Bäuerinnen und Bauern, sich aktiv gegen den Anbau genmanipulierter Pflanzen zu wehren, und sitzt in Expertengruppen, die Regierungen und UNO-Gremien beraten, wenn es um Biodiversität und Patentgesetze geht. Vandana Shivas Lebenswerk aber ist Navdanya, eine Organisation, die sich für die Biolandbau-Forschung und die Erhaltung von Saatgut engagiert. Navdanya hat in ganz Indien vierundfünfzig Gemeinde-Saatgutbanken aufbauen geholfen, mit dem Ziel, lokal angepasste Kulturpflanzen zu retten, die durch die Monokultur-Landwirtschaft beinahe ausgestorben wären.[79]

Der Schweizer Insektenforscher Hans Herren erhielt 1995 den Welternährungspreis, weil es ihm gelungen war, die in ganz Afrika grassierende Maniok-Schmierlaus mit Wespen und Marienkäfern erfolgreich zu bekämpfen, ohne Chemie und gratis für die Bauern.[80] Danach war er bis 2005 Direktor des International Centre of Insect Physiology and Ecology (ICIPE) in Kenia. Das Institut erforscht, mit welchen natürlichen Mitteln die schlimmsten Plagen Afrikas – Malariamücken, Tsetsefliegen oder Maisstängelbohrer – bekämpft werden können.[81] Seit 2005 ist er Präsident des Millennium Institute in Washington, D.C. Neben der Mitarbeit in verschiedenen internationalen Gremien zur Förderung der ökologischen und nachhaltigen Entwicklung leitete Hans Herren zusammen mit der Kenianerin Judi Wakhungu den Weltagrarrat (International Assessment of Agricultural Knowledge, Science and Technology for Development, IAASTD), dessen Bericht 2008 veröffentlicht wurde.[82] Er ist auch Präsident der in Zürich ansässigen Stiftung Biovision.

Hans Herren und Vandana Shiva

Ich traf die beiden an einem Kongress in Brüssel.

Viele behaupten, zur Bekämpfung von Hunger und Armut sei Gentechnik unabdingbar. Mittels Gentechnik könne man zum Beispiel dürreresistente Pflanzen erzeugen.

VANDANA SHIVA: »Firmen wie Monsanto oder Syngenta behaupten immer wieder, die Lösung für alle Klima- und Ernährungsprobleme zu haben. Sie sagen, man könne die Toleranz von Pflanzen gegen Dürre, gegen Überschwemmungen oder gegen die Versalzung der Böden mit modernen Technologien erhöhen. Die erwünschten Eigenschaften könne man gentechnisch herstellen. Dabei sind all diese Eigenschaften bei Pflanzen bereits natürlich vorhanden. Wir haben heute schon eine grosse Vielfalt an dürreresistenten Pflanzen, die über Jahrhunderte von den Bauern herangezüchtet wurden. Sonst könnte man in Wüstengegenden gar keine Landwirtschaft betreiben. Wir haben in Indien sowohl Reissorten, die Dürre ertragen, wie auch solche, die geflutet werden können. Da gibt es einen über fünf Meter hohen Reis, der in den Fluten des Ganges wächst. Er wird vom Boot aus geerntet. Die Gentechnik bei Pflanzen ist eigentlich eine Nachzüglertechnologie – sie hinkt den Zuchterfolgen der Bauern und Bäuerinnen weit hinterher.«

HANS HERREN: »Dazu kommt, dass sich bisher keine einzige genmanipulierte Pflanze mit einer Dürreresistenz auf dem Feld bewährt hat, obwohl doch schon sehr lange und sehr intensiv daran gearbeitet wird. Mich erstaunt dies nicht. Eine manipulierte Pflanze mag zwar im Labor und im Gewächshaus Trockenheit ertragen – im Feld sieht es dann aber anders aus. Fast immer verliert die genmanipulierte Pflanze andere lebenswichtige Eigenschaften; sie wird zum Beispiel anfälliger für Krankheiten und Schädlinge.

Bisherige Untersuchungen haben auch gezeigt, dass bei der Trockentoleranz einer Pflanze viele Gene involviert sind. Es gibt kein ›Dürreresistenzgen‹.«

Auch der Weltagrarbericht erwähnt Gentechnik nur am Rand.

Hans Herren: »Die am Bericht beteiligten Wissenschaftlerinnen und Forscher schliessen Gentechnik nicht gänzlich aus. Doch sie schätzen deren Beitrag als gering ein. Gentechnik hat bisher kein einziges drängendes Problem in der Landwirtschaft und der Lebensmittelsicherheit gelöst. Und es braucht noch viel Forschung zu den Risiken für Mensch und Umwelt.«

Vandana Shiva: »Und wenn Bauern und Bäuerinnen einmal bei einem Konzern genmanipuliertes und patentiertes Saatgut von dürreresistenten Pflanzen einkaufen, dann müssen sie es immer kaufen, auch in Jahren mit viel Regen. Dann aber sind dürreresistente Sorten nutzlos – sie werfen keine guten Erträge ab. Wir wissen ja, wie die Industrie funktioniert, wir kennen ihr zentralisiertes Management und wissen um ihre Unfähigkeit, mit Diversität umzugehen. Alle grossen Agrokonzerne haben zudem Patentgesuche auf sogenannte ›klimarelevante Gene‹ eingereicht. Mehrere Hundert sind es inzwischen, wie eine Studie zeigt. Diese Agromultis streben die Kontrolle über den riesigen zukünftigen Saatgut- und Lebensmittelmarkt an. Das halte ich für gefährlich.«

Wie aber lassen sich Lösungen gegen die zunehmende Trockenheit und Versteppung finden?

Hans Herren: »Um das Problem der Dürre anzugehen, müssen wir den ganzen Kreislauf, das gesamte System berücksichtigen: Es braucht guten Boden, eine grosse Vielfalt,

Mischkulturen, geeignetes Saatgut – und einen funktionierenden Markt. Allein das Saatgut zu optimieren greift zu kurz, denn die Auslaugung und Verarmung der Böden ist ein zentrales Problem in vielen Ländern. Jedes Jahr gehen 100 000 Quadratkilometer Boden – also mehr als die doppelte Fläche der Schweiz – wegen zu intensiver, nicht angepasster Nutzung durch Erosion verloren. Immer mehr Gegenden versteppen. Doch auf einem solchen ausgelaugten und kaputten Boden kann auch der beste Hightechsamen nicht mehr wachsen. Beim Umgang mit Dürre und Trockenheit ist folglich ein gesunder Boden von allergrösster Bedeutung. Man muss diese Böden – auch Wüstenböden – mit den Prinzipien der biologischen Landwirtschaft nachhaltig neu aufbauen, das ist unsere einzige Chance. Es ist doch verrückt: Wir wissen alles über das Reisgenom, wir kennen alle Gene, aber wir wissen fast nichts über den Boden, das Medium, in dem der Reis wächst. Wir wissen fast nichts über Bodenmikroben, Insekten und Pilze und wie dies alles zusammen funktioniert. Da liegt noch ein sehr grosses Potential brach – da braucht es dringend mehr Forschung.«

VANDANA SHIVA: »Diese Erfahrungen mit den Böden haben wir auch in Indien immer wieder gemacht. Der Boden ist die Versicherung für die Zukunft. Dort, wo früher ausgelaugte, von Monokulturen zerstörte Böden brach lagen, haben wir heute fruchtbare Farmen. Bäume sind dabei ein zentraler Bestandteil. Die Agroforstwirtschaft – also eine Landwirtschaft mit Bäumen und Pflanzenkulturen – ist speziell bei den unsicheren Klimaverhältnissen eine gute Sache. Bäume ergeben viel organisches Material. Sie schützen zudem vor Wind, befestigen mit ihren Wurzeln den Boden, geben Schatten und bewahren den Boden vor Austrocknung.[83] Im östlichen Indien erlebten wir zwei wirklich schlimme Dürrejahre. Nur die Bauernfamilien, die auf ihrem Land Bäume angepflanzt hatten, biologische Landwirtschaft betrieben und Kulturen anbauten, die wenig Wasser benötigten, wie zum Beispiel die Fingerhirse, überlebten die Dürre. Khejribäume sind da besonders geeignet, man sieht sie überall. Sie sind heilig und werden in vielen hinduistischen Zeremonien verehrt.[84]«

HANS HERREN: »Ist das ein bohnenartiger Baum, eine Leguminose?«

VANDANA SHIVA: »Ja, wir essen die Bohnen des Baums – sie werden gekocht wie grüne Bohnen. Wir machen auch Pickles daraus. Die Blätter werden als Futtermittel für das Vieh gebraucht, das Holz als Bau- oder Brennholz … Alles, restlos alles wird verwendet und wieder in den Kreislauf zurückgeführt.«

Haben Sie in Kenia ähnliche Erfahrungen gemacht?

HANS HERREN: »Ja. Mit einfachen Methoden, die wir am ICIPE zusammen mit Bäuerinnen und Bauern entwickelten, konnten wir die Maiserträge vielerorts langfristig verdrei- bis verfünffachen. Und ganz wichtig: Die Bodenfruchtbarkeit hat dadurch nicht ab-, sondern zugenommen, dank Mischkulturen, Bäumen und dem Einbezug von Tieren. Dies alles deckt sich auch mit den Kernaussagen des Weltagrarberichts. Da hatten vier Jahre lang über 400 Wissenschaftlerinnen und Forscher aus über achtzig Ländern die Fragen zu beantworten versucht: Mit welchen Strategien können Hunger und Armut am effizientesten und auf nachhaltige Weise bekämpft werden? Wie also entfaltet Geld die grösste Wirkung zum Nutzen der Armen? Welche Forschung brauchen wir? Unser Fazit: Nötig ist eine radikale Umkehr in der Agrarpolitik und -forschung hin zu einer multifunktionalen Landwirtschaft, die den Erhalt und die Erneuerung der natürlichen Ressourcen und der Artenvielfalt in den Mittelpunkt stellt. Dieses Ziel kann nur in enger Zusammenarbeit mit Kleinbäuerinnen und Kleinbauern erreicht werden. Es braucht ein Umdenken, weg von chemieabhängigen Monokulturen. Deren Möglichkeiten sind weitgehend ausgereizt. Nötig ist ein Blick auf das ganze System – von der Bodenfruchtbarkeit bis hin zu Bildungs- und Kreditmöglichkeiten für Frauen. Studien zeigen, dass die bei Kleinbauernbetrieben erzielbaren Ertragssteigerungen die Möglichkeiten der industriellen Landwirtschaft um ein Vielfaches übersteigen. Achtundfünfzig Regierungen unterschrieben den Weltagrarbericht im April 2008 in Johannesburg.«

Auch die Schweiz?

HANS HERREN: Ja, die Schweiz hat auch unterschrieben.

Warum aber hört man von offizieller Seite nur wenig von diesem Bericht?

VANDANA SHIVA: »Das ist das, was ich Monokulturen im Kopf nenne. Wie ein religiöses Dogma wird propagiert, dass es die hochindustrialisierte Landwirtschaft mit transgenen Pflanzen brauche, um Hunger und Armut zu bekämpfen. Nur so, heisst es, könnten die nötigen Mengen produziert werden. Wenn man das lange genug wiederholt, glauben es die Leute. Diese eindimensionale Sicht funktioniert aber nicht.«

Hans Herren: »Seit der Verabschiedung 2008 sind wieder mehrere grosse Studien erschienen, die zu gleichen Resultaten gekommen sind.[85] Vielleicht bewegt sich doch etwas? Das ist meine Hoffnung. Denn Agroökologie kann und muss zum System erster Wahl auf der ganzen Welt werden. Biolandbau kann sowohl auf kleinen wie auch auf grossen Flächen betrieben werden – das zeigen Hunderte Beispiele. In vielen Gegenden der Welt, wo die Erträge heute klein sind, gibt es ein grosses Potential für die sofortige Steigerung der Produktivität. Und dadurch, dass die biologische Landwirtschaft arbeitsintensiver und lukrativer ist als die industrielle, wird es mehr und besser bezahlte Arbeitsplätze geben. Biologische Landwirtschaft ist ausserdem viel weniger von externer Energiezufuhr abhängig, es wird Kohlenstoff aufgenommen statt produziert. So wird die Landwirtschaft beim Klimawandel Teil der Lösung und nicht Teil des Problems.«[86]

Beispiel: Pflanzendüfte gegen den Stängelbohrer: Push and pull

In Ost- und Südafrika ist Mais das wichtigste Grundnahrungsmittel. Schädlinge wie der Stängelbohrer verursachen oft riesige Schäden und vernichten bis zu achtzig Prozent der Ernte.

Stängelbohrer

Doch am Forschungsinstitut ICIPE in Kenia wurde eine hocheffiziente

Push and pull: die kenianische Bäuerin Rispa Ouzo vor zerstörtem (l.) und gesundem Maisfeld (r.)

biologische Methode gegen den Schädling entwickelt: Zwischen die Maisreihen pflanzen Bäuerinnen und Bauern die bodenbedeckende Bohnenpflanze Desmodium. *Deren Geruch stösst den Stängelbohrer ab und vertreibt ihn aus dem Feld. Gleichzeitig bringt* Desmodium *wertvollen Dünger (Stickstoff) in den Boden und schützt ihn vor Erosion. Das ist der erste Teil des Systems. Der andere besteht darin, dass um die Felder drei Reihen Napiergras angebaut werden. Der Duft dieses Grases zieht den Stängelbohrer an und lockt ihn aus dem Maisfeld heraus. Das Napiergras produziert zudem einen klebrigen Stoff, der für die Larven des Stängelbohrers zur Falle wird. Mit Duftstoffen hinaustreiben und anlocken, auf Englisch: push and pull – so können die Maiserträge um bis zu 300 Prozent gesteigert werden, ganz ohne Agrochemie und Gentechnik.* Desmodium *und Napiergras ergeben zudem gutes Viehfutter und damit mehr Milch und Einkommen.*

Die Push-pull-Methode wird inzwischen in Kenia, Tansania, Äthiopien und anderen afrikanischen Ländern angewendet. Anfängliche Probleme mit mangelnder Trockenheitsresistenz einer Hilfspflanze wurden inzwischen behoben.[87]

Beispiel: Die Drei-Schwestern-Landwirtschaft

Diese seit alters in Zentralamerika betriebene Mischkultur – auch Milpa genannt – besteht aus Mais, Bohnen und Kürbissen. Der Mais liefert Kohlenhydrate und dient der Bohne als Bohnenstange, die Bohne liefert Proteine und Stickstoff, und der Kürbis gedeiht im Schatten von Mais und Bohne, hält den Boden feucht und verhindert Erosion. Die Mischkultur produziert mehr, als jede einzelne Pflanze in Monokultur produzieren würde. Der renommierte Maisforscher H. Garrison Wilkes von der Universität von Massachusetts sagt, Milpa sei »eine der erfolgreichsten menschlichen Erfindungen, die je gemacht wurden«[88, 89].

Beispiel: Enten und Fische in Reisfeldern

Japanische Bauern fanden heraus, dass sie in Reisfeldern ganz auf Pestizide verzichten können: mit Hilfe von Enten und Fischen. Diese können alle Schadinsekten in Reisfeldern in Schach halten und liefern wertvolle Lebensmittel für die Familien. Die Enten fressen Unkräuter, Unkrautsamen, Insekten und andere Schäd-

linge – und verringern so die Jätarbeit. Ausserdem ist Entenkot ein guter Dünger. Auch Fische fressen Insekten und liefern Dünger.

Das System wurde nach ersten japanischen Erfolgen auch in China, Indien, Bangladesch und anderen Ländern eingeführt. Eine Evaluation eines internationalen Forschungsinstituts in Bangladesch ergab, dass die Reiserträge um zwanzig Prozent und die Nettoeinnahmen der Bauernfamilien gar um achtzig Prozent stiegen.[90]

Beispiel: Verlorene Kulturpflanzen in Afrika

In Afrika erleben lange verdrängte einheimische Gemüsesorten ein Comeback – auf lokalen Märkten, in Restaurants und in der Forschung. Sie enthalten meist sehr viel mehr Nährstoffe und Spurenelemente als die von den Kolonialmächten eingeführten Gemüse, so etwa Amarantblätter (reich an Kalzium, Zink und anderen Nährstoffen) oder Schwarzer Nachtschatten (Solanum nigrum) *(reich an Vitamin A und E, Proteinen und Kalzium) und viele mehr. Die Blätter des Meerrettichbaums* (Moringa oleifera) *gelten als besonders heilkräftig und nahrhaft. Meist sind die einheimischen Gemüse auch resistenter gegen Schädlinge jeder Art und ertragen Dürre und andere Klimakapriolen besser. Auch die traditionellen Kulturpflanzen wie Hirse, Sorghum oder Yams sind oft viel resistenter gegen Dürre und Schädlinge als der erst vor rund 300 Jahren in Afrika eingeführte Mais. Afrika hat zudem mehr als 3000 indigene Fruchtarten, viele von ihnen mit ausgezeichneten Resistenzen. Diese »verlorenen Kulturpflanzen« Afrikas versprechen Lösungen für die Zukunft.*[91]

Die Würde des Kopfsalats

Agroökologie könnte die Welt ernähren, wenn wir das Potential von Pflanzen besser nutzen. Davon sind Vandana Shiva und Hans Herren überzeugt. Und unsere Beziehungen zu Pflanzen? Sollten wir nicht auch unser Verhältnis zu ihnen gänzlich überdenken?

Ich hatte die Gelegenheit, diese Frage ausführlich zu diskutieren. Die Schweizer Bundesverfassung gesteht allen Kreaturen – also auch Pflanzen – eine Würde zu, die zu achten sei. Das ist einmalig: Kein anderes Land der Welt kennt eine solche Verfassungsnorm.[92] Artikel 120, Absatz 2 legt fest, dass der Bund »der Würde der Kreatur« Rechnung trägt. Während der Diskussion um Agrogentechnik bestätigte das Schweizer Parlament, dass Pflanzen Kreaturen sind und folglich eine Würde haben. Doch was bedeutet das? Der Bundesrat erteilte 2004 der Eidgenössischen Ethikkommission für die Biotechnologie im Ausserhumanbereich EKAH, der ich damals angehörte, den Auftrag, zu erkunden, was der Begriff Würde auf Pflanzen bezogen bedeuten könnte.

Würde also – ich tat mich anfangs schwer mit diesem Begriff. In meinen Ohren haftete ihm etwas Altehr-Würdiges, fast ein bisschen Verstaubtes an. Würde ist zudem etwas, was dem Menschen zusteht und ihn von Tieren und Pflanzen unterscheidet. Der Begriff Würde stammt vom mittelhochdeutschen *wirdekeit* ab, das auf Wert, Wertigkeit oder Wertsein verweist. Würdig war eine Person, die wegen ihrer grossen Tugendhaftigkeit oder ihres hohen Ranges besondere Wertschätzung genoss. Und nun soll auch einer Maispflanze oder einem Salatkopf Würde zukommen? Sind derartige Vermenschlichungen nicht unzulässig oder schlicht lächerlich?

Andererseits: Würde könnte ein Zeichen sein, eine Metapher, dass Pflanzen einen Eigen-Wert haben: einen Wert um ihrer selbst willen, unabhängig von menschlichen Interessen.

Wenn wir Pflanzen als reine Sachen, als passive Objekte betrachten, die allein unsere Interessen und Anforderungen erfüllen, dann ist es absurd, ihnen eine Würde zuzuschreiben. Das ergibt keinen Sinn. Wenn wir aber Pflanzen als sensitive Lebewesen anschauen, die vielleicht sogar zu subjektiven Wahrnehmungen und Empfindungen fähig sind, Lebewesen also, die ein eigenständiges Leben haben, dann gibt es gute Gründe, ihnen Würde zuzusprechen.

»Würde« in Bezug auf Pflanzen könnte heissen, dass sie einen Wert um ihrer selbst willen haben. Doch haben das Pflanzen? Für unsere Diskussion in der Ethikkommission hatten wir kein Vorbild und konnten uns nicht auf die Literatur verlassen. Wir entdeckten bald, dass Intuition und Common Sense nötig sind, aber nicht genügen. Die Kommission war sich kaum je einig, und einige Mitglieder hielten es sogar für verfehlt, Pflanzen eine Würde zuzusprechen.

Zu Beginn schauten wir auf neue wissenschaftliche Befunde in der Pflanzenbiologie, wie ich sie auch in den vorangehenden Kapiteln beschrieben habe. Alsdann stellte sich die Frage: Sind Pflanzen empfindungsfähig? Wenn wir Pflanzen eine Empfindungsfähigkeit zuschreiben, meinen wir: Sie können etwas als gut oder schlecht erfahren und aufgrund einer inneren, subjektiven Wahrnehmung darauf reagieren. Dann können wir annehmen, dass Pflanzen eigene Interessen haben und eine Verletzung als solche empfinden können. Eine Uhr kann das nicht.

Wenn Pflanzen nicht empfindungsfähig sind, können sie einen Aussenreiz nicht als positiv oder negativ wahrnehmen – sie reagieren dann einfach auf einen Umweltreiz. Sie sind wie lebende Automaten, die Signale austauschen, wenn auch höchst anspruchsvolle. Eine Verletzung aber würden sie nicht als schädigend empfinden.

Das Problem ist, dass wir nicht wissen, ob Pflanzen empfindungsfähig sind (siehe das Kapitel »Sind Pflanzen intelligent?«). Wir wissen nicht, ob Pflanzen fähig sind, subjektiv zu empfinden, ob sie zum Beispiel Schmerzen empfinden können. Nach heutigem Wissensstand lässt sich das nicht belegen, doch wir können es auch nicht einfach ausschliessen. Es gibt manche Indizien dafür, aber es fehlt eine ganze Indizienkette.

Die Behauptung, Pflanzen könnten keine subjektiven Empfindungen haben, ist also genauso spekulativ wie das Gegenteil. Wir wissen es einfach nicht. Doch die Fähigkeiten der Pflanzen, ihre Umgebung wahrzunehmen, wurden bisher immer massiv unterschätzt.

Heute nehmen wir an, dass Tiere empfindungsfähig sind: dass sie eine subjektive Wahrnehmung der Welt haben, dass sie individuelle Präferenzen haben und verschiedene Empfindungen wahrnehmen, integrieren und anschliessend verarbeiten können. Diese Kriterien legen wir dem Konzept der Empfindungsfähigkeit zugrunde. Normalerweise braucht es dazu ein Gehirn – doch ist es wirklich notwendig? Wiederum: Wir wissen es nicht.

Gustav Theodor Fechner (1801–1887), ein grossartiger Philosoph und Befürworter der Pflanzenseele, bestand darauf, dass die Absenz von Nerven keineswegs beweise, dass Pflanzen keine Empfindungen hätten, und fand dafür eine hübsche Metapher. In seinem Buch *Nanna oder über das Seelenleben der Pflanzen* schrieb er: »Der Leib ist sozusagen eine Violine, die das innere Spiel ihrer Saiten selbst fühlt. Nun aber, wenn ich sehe, dass die Flöte doch wirklich (...) Töne gibt, objektiv Empfindungen erzeugt, ohne Saiten zu haben, so weiss ich nicht, warum nicht auch die Pflanze subjektiv Empfindungen soll erzeugen können, ohne Nerven zu haben. Die Tiere könnten ja eben die Saiten-Instrumente, die Pflanzen Flöten-Instrumente der Empfindung sein.«[93]

Auch Tiere wurden lange Zeit als seelenlose Maschinen betrachtet, und erst in den letzten Jahrzehnten sind sie – zumindest teilweise – dieser mechanistischen Falle entronnen. Vielleicht. So beschloss das französische Parlament erst im Januar 2015(!): »Les animaux sont des êtres vivants doués de sensibilité.«[94] (Tiere sind empfindungsfähige Lebewesen.) Zuvor hatten sie im französischen Recht als »biens meubles« (bewegliche Sachen) gegolten. Ein symbolischer Akt, hiess es vonseiten verschiedener Kommentatoren, nichtsdestotrotz leisteten Teile der UMP und die Fleischindustrie erbitterten Widerstand.

Doch im Allgemeinen scheint heute klar, dass Tiere keine Sachen sind. Dass sie eine Würde haben. In der Schweiz (und anderswo) resultieren daraus Vorschriften zur artgerechten Haltung von Nutztieren. Und Genmanipulationen sind in der Schweiz zumindest bei Haus- und Nutztieren in der Landwirtschaft verboten. Wie sich dies geändert hat! Ich erinnere mich, wie ich als junge Lehrerin mit einer Klasse im Biologieunterricht Ratten sezierte und wie schwer es war, sie vorher mit Chloroform zu töten. Das würde ich heute um nichts in der Welt mehr tun.

Die Diskussion um die Würde von Pflanzen ist meilenweit von diesem Punkt entfernt. Mit Pflanzen kann heute alles gemacht werden; es gibt keinerlei ethische Bedenken, kein Problembewusstsein. Warum eigentlich nicht?

In der Ethikkommission sassen Philosophen und Ethikerinnen, aber auch Forscher und Molekularbiologinnen. Unsere Meinungen waren oft sehr kontrovers, aber die Mehrheit war überzeugt, dass Nichtwissen moralisch relevant ist. Eine Mehrheit war auch damit einverstanden, dass Würde kein absoluter Wert ist und dass es immer einer Güterabwägung bedarf: Das Gut oder das Interesse einer Pflanze sollte gegen die Interessen der Menschen abgewogen werden. Die Würde einer Rose ist anders zu bewerten als die Würde eines Gorillas oder diejenige eines Menschen. Und zum Schluss einigten wir uns darauf, dass Pflanzen nicht aus reiner Willkür geschädigt werden dürfen. Eine willkürliche Schädigung oder Zerstörung von Pflanzen widerspricht ihrer Würde. Doch über die Bedeutung von »willkürlich« waren wir uns nicht einig. Für einige war es das willkürliche Köpfen eines Löwenzahns am Wegrand ohne vernünftigen Grund. Für andere – dazu zählte auch ich – die totale und massive Verindustrialisierung und Instrumentalisierung von Pflanzen.

2008, nach vierjähriger Diskussion, veröffentlichten wir die Broschüre *Die Würde der Kreatur bei Pflanzen. Die morali-*

sche Berücksichtigung von Pflanzen um ihrer selbst willen.[95] Das Echo auf unsere Pressekonferenz war gross. Zeitungen, Radio

Ethikkommission sorgt für die Würde des Salates

und Fernsehen berichteten: »Pflanzen haben eine Würde!« Einige Medien gingen sorgfältig auf den Bericht ein, andere überschütteten uns mit Spott und Häme. Über die Würde des Kopfsalats oder des Kaktus wurde gehöhnt oder darüber, dass nun auch das Jäten eines Löwenzahns ethisch verwerflich sei. Ich aber war glücklich, dass es überhaupt einmal eine öffentliche Debatte über den Status der Pflanze gab.

Le cri de la salade

Etwas später im Jahr erhielten wir gar den Ig-Nobelpreis für diesen Bericht. Ig steht für *ignoble:* Es ist ein Preis für besonders lächerliche Forschung, eine Forschung, die Leute zum Lachen bringt – und später dann zum Nachdenken.

«Bettseicherli» haben Würde

Ein Mitglied unserer Kommission flog in die USA, um den Preis an der Harvard-Universität in Empfang zu nehmen.

Mich reizte es, zusammen mit Leuten aus ganz verschiedenen Fachbereichen an diesem Thema weiterzudenken. Wir lancierten das Projekt »Pflanzen neu entdecken«. Zu fünfzehnt trafen wir uns zu mehreren ganztägigen Diskussionsrunden; beteiligt waren Experten und Expertinnen aus der Landwirtschaft, der Botanik, der Philosophie, der Biologie und der Gärtnerei. Im Mittelpunkt unserer

Überlegungen stand die Pflanze. Ihr versuchten wir uns behutsam von verschiedenen Seiten her anzunähern und aus dem neuentstandenen Pflanzenbild heraus nach Grenzen zu suchen. Wir wollten den Versuch wagen, diese Grenzziehungen mit konkreten Forderungen – den Anspruchsrechten der Pflanze – zu verdeutlichen. Wir formulierten neunundzwanzig Thesen und schlugen vor, dass Pflanzen Anspruchsrechte haben.

Pflanzen Rechte zuzugestehen erscheint erst mal ziemlich abwegig. Aber wir waren alle überzeugt, dass wir dringend *irgendwo* Grenzen gegen ihre totale Verindustrialisierung brauchen, dass wir als Menschen auch *irgendwelche* Verpflichtungen den Pflanzen gegenüber haben. Dass bloss Appelle zu mehr Respekt nicht genug sind. Dass Pflanzen etwas Verbindlicheres – ja: Rechte – brauchen. Man gibt jemandem Rechte, zu dem man eine Beziehung hat, um den man sich kümmert.[96]

Rechte für Pflanzen heisst natürlich nicht, dass wir Pflanzen nicht mehr essen, schneiden, pfropfen, mähen, jäten oder erforschen dürfen – wie es bei Tieren auch nicht darum ging, dass sie aus dem Nahrungsmittelkreislauf entfernt werden oder Forschung an ihnen verboten werden soll.

Wir formulierten unsere eigenen Visionen und schauten nicht von Anfang an auf gesellschaftlich durchsetzbare Kompromissvorschläge. Entstanden sind die »Rheinauer Thesen zu Rechten von Pflanzen« (siehe Seiten 181ff.).

Mit der Formulierung von Anspruchsrechten für Pflanzen betraten wir Neuland; wir verstanden diese Rechte quasi als »Wegweiser« für künftige Diskussionen. So sollen Pflanzen ein Recht auf eine gewisse Eigenständigkeit in Bezug auf Fortpflanzung und auf Anpassungsfähigkeit haben. Weiter formulierten wir Rechte auf das Überleben der eigenen Art und auf Nichtpatentierung.

Natürlich ist es schwierig, herauszufinden, wo wir die Grenzen in unseren Handlungen den Pflanzen gegenüber überschreiten. Pflanzen können sich an sehr viele Manipulationen anpassen, ohne dass sie ein Zeichen geben, wo ihre Grenzen sind. Ein Kopfsalat schreit nicht, wenn seine Grenzen überschritten sind. Doch ist dies bei Tieren so anders? Als Kind verbrachte ich in den Ferien manche Stunden im Stall und schaute dem Bauern beim Melken zu. Die Kühe sahen ganz zufrieden aus – obwohl sie immer angekettet waren. Sie wussten nicht, dass zu ihrem »artgerechten Verhalten« regelmässige Bewegung im Freien gehört. Den Referenzpunkt für ein Stoppsignal fand man erst, als man freilebende Tiere beobachtete. Aus ihrem Verhalten leitete man Bedingungen für eine artgerechte Haltung ab: Kühe müssen nun auch im Winter regelmässig Auslauf erhalten.

Auch Pflanzen zeigen unter Laborbedingungen ein anderes Verhalten als in der freien Natur. Wie komplex pflanzliches Verhalten sein kann, wurde erst entdeckt, als die Forschenden ihren Arbeitsplatz vom Labor in die Natur verlegten, wie das Beispiel des Kojotentabaks (siehe das Kapitel »Der wehrhafte Kojotentabak«) eindrücklich zeigt. Diese Forschung könnte uns ebenfalls Indizien für Pflanzenrechte liefern. Wir sind erst ganz am Anfang dieser Debatte.[97]

Während der über viele Jahre dauernden Diskussion um die Würde der Pflanze begann ich diesen Begriff zu lieben. Würde ist mehr als Respekt oder Wert. Wenn wir für Pflanzen mehr Respekt einforderten, täte das niemandem weh. Doch der Begriff Würde kreiert Unruhe. Und Rechte auf Pflanzen sind erst recht eine Provokation. Das ist gut so. Und vielleicht, wer weiss, vielleicht werden wir alle in ein paar Jahren lachen, wie von den Ig-Nobelpreis-Juroren vorausgesagt – und es wird dann ein Lachen über unsere Arroganz als Menschen sein.

Münchenstein, Juni 2016. Vor vielen Jahren erzählte mir der inzwischen verstorbene Quantenphysiker Hans-Peter Dürr eine Parabel: Ein Ichthyologe – also ein Fischkundler – betreibt Fischfang mit einem Netz von fünf Zentimetern Maschenweite. Seine wissenschaftliche Arbeit besteht darin, jeden einzelnen gefangenen Fisch zu vermessen. Nach unzähligen Versuchen postuliert er als wissenschaftliches Gesetz: Alle Fische sind grösser als fünf Zentimeter.

Sein Gesetz ist unanfechtbar; es kann jederzeit reproduziert werden. Trotzdem regt sich Widerspruch, und ein prominenter Kritiker sagt zu ihm: »Das Gesetz stimmt nicht. Das Universum des Meeres umfasst bedeutend mehr Fische, weil all jene hinzukommen, die durch dein Netz geschlüpft sind.« Darauf entgegnet der Ichthyologe: »Doch, das Gesetz stimmt. Was ich nicht fangen kann, ist kein Fisch. Es ist kein Objekt von der Art, wie der Fisch in der Fischkunde definiert wird und wie ich ihn auf dem Markt verkaufen kann.« Natürlich bestehe zwischen den beiden Behauptungen kein prinzipieller Widerspruch, sagte Hans-Peter Dürr. Die Wissenschaftler urteilten nur von unterschiedlichen Standpunkten aus. Die Welt des Ichthyologen ist präzise und messbar, diejenige des Kritikers hingegen voller Unsicherheiten und Spekulationen. Die Naturwissenschaften, meinte der Physiker, könnten zwar immer raffiniertere Netze zur Erfassung der Wirklichkeit entwickeln, doch würden sie diese nie vollständig erklären können. Immer bleibe ein Flimmern auf dem Meereshintergrund, jenseits der naturwissenschaftlichen Fangnetze. Und die kleinen Fische, die durch die Fangnetze entweichen, werden einmal grosse Fische – sie sind also nicht bedeutungslos.

An diese hübsche Parabel – die natürlich in sich immer noch viel zu simpel ist – muss ich oft denken, wenn ich die letzten zehn Jahre Revue passieren lasse, mit den zahlreichen Interviews und Besuchen bei Pflanzenexperten und Forscherinnen. Was wurde da nicht alles neu gefunden, was bis dahin in Bezug auf Pflanzen als völlig ausgeschlossen gegolten hatte! Und vor allem: Es wurde auch viel mehr entdeckt, als wir mit unseren naturwissenschaftlichen Fangnetzen erklären können. Da ist Raum für Erahntes, und neue Perspektiven tun sich auf. Neue Perspektiven nicht nur für unsere Ernährung und die Landwirtschaft, sondern auch für unsere Vorstellungen darüber, was eine Pflanze ist und wie auch wir in die Beziehungsnetze der Natur eingebunden sind. Das hat etwas ungemein Tröstliches – und es liegt darin auch ein Funken Hoffnung für die Zukunft.

Pflanzen neu entdecken: Rheinauer Thesen zu Rechten von Pflanzen

Im Wissen darum, dass alle Lebewesen eine gemeinsame Herkunft haben,
in Erwägung, dass uns Pflanzen in ihrer Andersartigkeit letztlich immer ein Geheimnis bleiben werden,
im Bestreben, das Wesen der Pflanze tiefer zu ergründen und sie in ihrer Einzigartigkeit zu schützen,
formulieren wir die folgenden Thesen mit dem Ziel, die Pflanze um ihrer selbst willen zur Sprache zu bringen und Anspruchsrechte für sie geltend zu machen.

Die Pflanze

1. Pflanzen sind Lebewesen.

2. Pflanzen sind Tieren und Menschen verwandt. Alle haben wir unseren gemeinsamen Ursprung in einzelligen Lebewesen, die sich in einer fast drei Milliarden Jahre dauernden Evolution zu einer einzigartigen Vielfalt an Lebensformen differenziert haben.

3. Die gemeinsame Geschichte führt zu vielen Übereinstimmungen auf der Zellebene.

4. Doch Pflanzen sind zugleich anders als Tiere und Menschen. So sind sie etwa ortsgebunden und betreiben Photo-

synthese. Sie schaffen die Grundlage für die Ernährung von Tier und Mensch.

5. Wir dürfen nicht der Versuchung erliegen, sie zu vermenschlichen. Pflanzen sind auch keine ›langsamen‹ oder ›niedrigen‹ Tiere, sondern eine eigene Lebensform.

6. Wie alle Lebewesen reagieren Pflanzen auf ihre sich dauernd verändernde Umwelt. Sie kommunizieren miteinander und mit anderen Lebewesen, über und unter der Erde. Sie benützen dazu Duftstoffe und andere, vielfältige Signale. Ihr Wachstum und ihre Reaktionen auf die Umwelt sind keine ausschliesslich genetisch fixierten Reflexe. Pflanzen passen sich individuell an.

7. Über die Empfindungsfähigkeit von Pflanzen wissen wir noch sehr wenig. Zell- und Molekularbiologie liefern zwar Indizien, die eine Empfindungsfähigkeit möglich erscheinen lassen; komplette Indizienketten fehlen aber bisher. Zu behaupten, Pflanzen hätten kein Empfindungsvermögen und könnten keine Schmerzen verspüren, ist so spekulativ wie die gegenteilige Behauptung.

8. Weil wir nicht wissen, ob und wie Pflanzen Schmerzen empfinden, muss unser Umgang mit ihnen von Rücksicht geprägt sein.

9. Auch Pflanzen sind Individuen.

10. Pflanzen erleben die Welt auf ihre eigene Art. Sie ha-

ben ein Eigensein. Sie leben als ein Selbst. Dieses Selbst ist für uns schwer verständlich. Dennoch erfahren wir, dass es existiert. Wenn Pflanzen als gänzlich verfügbare Objekte betrachtet und behandelt werden, so wird man ihnen damit nicht gerecht.

Pflanze und Umwelt

11. Pflanzen sind standortgebunden. Sie stehen daher mit ihrer Umwelt in einer ganz anderen Beziehung als Tiere und Menschen. Sie können ihrer Umwelt nur sehr begrenzt ausweichen, fliehen können sie nicht.

12. Pflanzen sind sehr anpassungsfähig. Sie stehen in einem permanenten Austausch mit der Umwelt. Sie leben in einem dynamischen Netz von Beziehungen und Wechselwirkungen, die sie weit mehr beeinflussen können als etwa Tiere.

13. Offensichtlich zeichnen sich Pflanzen durch ein Hin- und Herpendeln zwischen einem Aufgehen in der Umwelt und einem Sichzurückziehen in sich selbst sowie durch ein rhythmisches Pulsieren in Jahreslauf und anderen zeitlichen Phasen aus. Sie zeichnen sich aus durch einzigartige Verbreitungsmöglichkeiten, die weite Distanzen und lange Zeiträume zu überwinden vermögen.

14. Es ist deshalb unsere Pflicht, der Umwelt, von der die Pflanzen so stark abhängen und bestimmt werden, Sorge zu tragen.

15. Dabei ist zu beachten, dass die Beziehungen zwischen Genen und Umwelt nicht eingleisig verlaufen. Umweltfaktoren können die Expression von Genen derart beeinflussen, dass neue Eigenschaften stabil vererbt werden, ohne DNA-Sequenzen zu verändern. Eine reduktionistische Sicht, die sich allein auf Gene konzentriert, ist fragwürdig. Dies mahnt zur Vorsicht bei der Züchtung.

Pflanze und Mensch

16. Die menschliche Existenz hängt unmittelbar von Pflanzen ab. Viele Pflanzen können hingegen sehr gut ohne Menschen existieren.

17. Das Verhältnis zwischen Pflanzen und Menschen ist kulturell und historisch geprägt und daher, wie alles Kulturelle, für Veränderungen offen.

18. Pflanzen sind die Grundlage für unsere Ernährung. Insofern ist unsere Kultur von Pflanzen nicht zu trennen. Aus diesem Grund verdienen Pflanzen Achtung.

19. Für das emotionale Leben der Menschen sind Pflanzen wichtig. Ihr Duft, ihre Schönheit, ihre Hege und Pflege liegen uns am Herzen. Sie prägen unsere Gärten und Landschaften.

20. Wir müssen diese vielfältige Abhängigkeit und Verbundenheit der Menschen mit der Pflanzenwelt neu begreifen

lernen. In Alltag und Kunst hat dies bereits begonnen. Auf naturwissenschaftlicher Ebene ist vieles noch nachzuholen.

21. Welche Beziehungen wir mit Pflanzen eingehen, hat Bedeutung für unsere eigene Lebensweise. Wie wir mit Pflanzen umgehen, reflektiert unseren Umgang mit anderen Lebewesen und mit uns selbst. Der Wert, den wir Pflanzen zuweisen, hängt mit unserem Selbstentwurf zusammen.

22. Wenn wir Pflanzen als Maschinen wahrnehmen, so sagt dies etwas über uns, die Betrachtenden, aus, nicht über das Wesen der Pflanze. Diese Maschinensicht dehnt sich auf alle Lebewesen – auch auf den Menschen – aus.

23. Anders als beim Menschen fehlen im Umgang mit Pflanzen oft genug moralische Bedenken.

24. Wir können das Wesen der Pflanze naturwissenschaftlich nicht vollständig erfassen. Erkenntnistheoretisch gibt es Grenzen. Wir stehen der Pflanze als ins Unermessliche Forschende gegenüber.

25. Wenn wir der Pflanze als eigenständigem Wesen begegnen und uns auf sie einlassen, entwickeln wir Sensibilitäten und Fähigkeiten, die es uns erlauben, sie in ihrem Dasein tiefer zu verstehen. In ihr und durch sie erleben wir etwas Umfassendes.

26. Unseren Umgang mit Pflanzen sollten nicht nur naturwissenschaftliche Argumente bestimmen. Die Natur-

wissenschaften sind nur ein Erkenntnisweg unter anderen, trotz ihrer Bedeutung für moderne Gesellschaften. Er ist nicht von vornherein wichtiger als andere Erkenntniswege.

27. Unsere Beziehungen zu Pflanzen spielen sich auf verschiedenen Ebenen ab: auf der naturwissenschaftlichen, der geisteswissenschaftlichen, der künstlerischen, auf der spirituellen, der intuitiven, der religiösen, der emotionalen und auf der ästhetischen Ebene und natürlich auf der Ebene der Ernährung. Diesen und weiteren Wissenszugängen gegenüber gilt es offen zu sein.

28. Das neue Verständnis der Pflanze erfordert es, dass all diese Wissenszugänge anerkannt und genutzt werden.

29. Pflanzen haben eine enorme Flexibilität und können sich an sehr viele Manipulationen anpassen. Sie vermitteln uns auf den ersten Blick keine offensichtlichen Signale, wo die Grenzen ihrer Verletzbarkeit sind. Umso wichtiger ist, dass wir diese Grenzen gemeinsam finden. Nichtwissen verpflichtet.

Gestützt auf diese Thesen, gelangen wir vorerst zur folgenden Aufstellung von

Anspruchsrechten der Pflanze.

Wenn wir Pflanzen Anspruchsrechte zugestehen, dann heisst dies nicht, dass wir sie nicht mehr essen oder in anderer Weise verwenden dürfen. Sowenig wie die den Tieren zugestandenen Rechte bedeuten, sie grundsätzlich aus dem Ernährungskreislauf auszuschliessen. Es bedeutet vielmehr, dass wir ihr Eigensein respektieren und dass es auch im Umgang mit Pflanzen Grenzen gibt.

I. Recht auf Fortpflanzung

Methoden und Strategien, die eine Sterilität bewirken, erfordern moralische und ethische Rechtfertigung. Die Terminatortechnologie und weitere Methoden zur Herstellung von Sterilität mit dem ausschliesslichen Zweck, Pflanzen für die Maximierung von wirtschaftlichem Gewinn verfügbar zu machen, verstossen gegen dieses Recht.

II. Recht auf Eigenständigkeit

Pflanzen sind keine Sachen. Sie sollen nicht beliebig instrumentalisiert und kontrolliert werden. Ihre Eigenständigkeit ist zu berücksichtigen.

III. Recht auf Evolution

Evolution, im Speziellen die Anpassungsfähigkeit von Pflanzen an eine sich verändernde Umwelt, beruht auf genetischer Vielfalt. Wird diese eingeschränkt, beeinträchtigt dies auch die Fähigkeit, sich zu entwickeln. Deshalb ist heute neben dem Schutz der Artenvielfalt auch der Schutz der genetischen Vielfalt zu einer Verpflichtung geworden.

IV. Recht auf Überleben der eigenen Art

Der Schutz der vorhandenen Artenvielfalt und damit das Recht aller Pflanzenarten auf Überleben ergeben sich aus dem Wert der Biodiversität.

V. Recht auf respektvolle Forschung und Entwicklung

Dieses Recht erfordert, dass Forschung und Industrie in der Lage sein sollen, das Eigensein der Pflanze wahrzunehmen und ihm mit Achtung zu begegnen. Dies verlangt offene und interdisziplinäre Herangehensweisen. Es schliesst aus, dass Pflanzen als uneingeschränkt verfügbare Sachen gelten.

VI. Recht darauf, nicht patentiert zu werden

Pflanzen sind keine Erfindungen. Keine Pflanze verdankt ihre Existenz allein menschlichem Wirken. Patente auf Pflanzen sind deshalb nicht nur aus sozioökonomischen Gründen abzulehnen, sondern auch um der Pflanzen selbst willen.

Die hier genannten Anspruchsrechte sind von Menschen formuliert worden. Sie gelten daher nur, soweit sie im menschlichen Handeln beachtet beziehungsweise durch dieses beeinträchtigt werden können. Denn niemand kann über sein Vermögen hinaus zu etwas verpflichtet werden.

Autorinnen und Autoren

Florianne Koechlin, Projektinitiantin, Buchautorin, Biologin, Blauen-Institut Münchenstein BL

Daniel Ammann, PD Dr., Geschäftsleiter der Schweizerischen Arbeitsgruppe Gentechnologie SAG

Eva Gelinsky, Dr., wissenschaftliche Mitarbeiterin von ProSpecieRara

Benny Haerlin, Leiter des Berliner Büros der Zukunftsstiftung Landwirtschaft und der Kampagne »Save Our Seeds«

Martin Ott, Meisterlandwirt, Gut Rheinau (CH), Präsident Stiftungsrat FiBL (Forschungsinstitut für biologischen Landbau, Frick)

Beat Sitter-Liver, Prof. für praktische Philosophie, Universität Freiburg (CH)

Werner Stumpf, Dipl.-Ing., Institut für Garten-, Obst- und Weinbau der Universität für Bodenkultur Wien

Edgar Wagner, Pflanzenphysiologe, Prof. em., Albert-Ludwigs-Universität Freiburg im Breisgau (D)

Amadeus Zschunke, Dipl.-Ing. (FH) Gartenbau, Geschäftsführer Sativa Rheinau AG – ökologisches Pflanz- und Saatgut (CH)

Unter Mitwirkung von

Günter Altner, Prof. Dr. Dr. Dr. h. c., Biologe und Theologe, Berlin

Nikolai Fuchs, Leiter Sektion für Landwirtschaft, Freie Hochschule für Geisteswissenschaft am Goetheanum, Dornach (CH)

Andrea Heistinger, Dipl.-Ing., Büro Semina Kultur-Pflanzen-Konzepte, Schiltern (A)

Christian Hiss, Gärtnermeister, Eichstetten am Kaiserstuhl (D)

Markus Ritter, Biologe, Teilhaber Life Science AG, Basel

Jürg Stöcklin, Prof. Dr., Botanisches Institut der Universität Basel

Anmerkungen

1 Die Duftstoffe, die Pflanzen zur Kommunikation benutzen, lassen sich drei grossen Klassen chemischer Verbindungen zuordnen: Terpene, Acetogenine und aromatische Verbindungen. Dabei bilden die Terpene die grösste Gruppe. Siehe Schulze B. et al. 2006.

2 Luftverschmutzung kann die Duftstoffkommunikation von Pflanzen mit Pflanzen erschweren: Bei Limabohnen wurde nachgewiesen, dass bereits eine Ozonkonzentration von 80 ppb, wie sie oft in der Natur auftritt, die Kommunikation zwischen den Pflanzen signifikant stört (Blande J. D. et al. 2011).

3 Siehe auch Schuman M. C. und Baldwin I. T. 2016.

4 Siehe auch Stenberg J. A. et al. 2015.

5 Heil M. et al. 2005.

6 Amo L. et al. 2013.

7 Falik O. et al. 2011.

8 Caruso C. M. und Parachnowitsch A. L. 2016.

9 Garibaldi L. A. et al. 2016.

10 Pennisi E. 2016.

11 In einem anderen Versuch wurden Tabakpflanzen gentechnisch so verändert, dass sie gewisse Duftstoffe nicht mehr produzieren konnten, sie also quasi »stumm« waren. Ihre Nachbarpflanzen reagierten anders, als wenn der Duftstoffcocktail vollständig gewesen wäre (Paschold A. et al. 2006).

12 Siehe u.a. Arzt V. 2012; Kessler D. et al. 2008; Kessler D. et al. 2010; Kumar P. et al. 2014; Paschold A. et al. 2006; Allmann S. und Baldwin I. T. 2010.

13 Schmidt B. et al. 2008.

14 Musah R. A. et al. 2016.

15 Rydin C. und Bolinder K. 2015.

16 Reid A. und Greene S. E. 2013.

17 Redman R. S. et al. 2011.

18 Manchmal ist es auch eine Ménage-à-trois, die zum Überleben im Boden notwendig ist: Ein tropisches Guineagras zum Beispiel wächst auf sehr warmen Böden – doch nur zusammen mit bestimmten Pilzen und Viren. Erst diese symbiotische Dreierbeziehung ermöglicht die grosse Hitzetoleranz. Wurde der Pilz von den

Viren befreit, kamen weder Pilz noch Gras mit der Hitze zurecht (Márquez L. M. et al. 2007).

19 Natürlich gibt es im Boden auch zahlreiche Krankheitserreger, Frassfeinde und Konkurrenten: ein ständiges Geben und Nehmen, Kooperation und Konkurrenz, Fressen und Gefressenwerden (de Zelicourt A. et al. 2013).

20 Palmer T. M. et al. 2008.

21 Dittmer H. J. 1937.

22 Siehe auch Mancuso S. und Viola A. 2015.

23 Chamovitz D. 2013.

24 Weiler E. W. 2000.

25 Siehe Koechlin F. und Battaglia D. 2012, S. 13–23.

26 Appel H. M. und Cocroft R. B. 2014.

27 Siehe Boller T. und He S. Y. 2009.

28 Das menschliche Immunsystem besteht aus einer angeborenen und einer erworbenen Fähigkeit zur Immunabwehr. Thomas Boller von der Universität Basel kam der hier beschriebenen angeborenen Immunabwehr bei Pflanzen auf die Spur.

29 Runyon J. B. et al. 2006.

30 Susan Dudley und ihre Versuche: Biedrzycki M. L. et al. 2010.

31 Susan Dudley schreibt zur Verwandtenerkennung durch Wurzeln: »In bisher drei Versuchen wurden unterschiedliche Wurzelallokationen [Zuteilungen beschränkter Ressourcen] zwischen Gruppen von Verwandten und Gruppen von Fremden, die einen Topf teilten, gefunden. Beim Nordamerikanischen Meersenf *(Cakile edentula)* haben Gruppen von Fremden eine grössere Wurzelallokation als Gruppen von Verwandten. Umgekehrt verhält es sich bei zwei anderen Arten: Beim Weissen Gänsefuss *(Chenopodium album)* und beim Springkraut *(Impatiens pallida)* haben Gruppen von Fremden eine kleinere Wurzelallokation als Gruppen von Verwandten« (Biedrzycki M. L. et al. 2010; Murphy G. P. und Dudley S. A. 2009).

32 Gefleckte Flockenblume und Idaho-Schwingel: Broz A. K. et al. 2010.

33 Siehe auch Semchenko M. et al. 2014.

34 Hängebirken und Rhododendron: Himanen S. J. et al. 2010.

35 Waldbäume tauschen über das WWW Kohlenstoffprodukte untereinander aus: Ein Team um Christian Körner von der Universität Basel wies nach, dass Waldbäume mit Hilfe des unterirdischen Wood Wide Web grosse Mengen an Zuckerverbindungen

mit ihren Nachbarbäumen austauschen. Die Kohlenhydrate bilden die Bäume mit Hilfe des Sonnenlichts durch Photosynthese. Ein grosser Teil dieser Kohlenhydrate wird durch lange Leitungsröhren in die Wurzel geleitet – und von dort aus auch an das Mykorrhizanetz abgegeben. Die Bäume betreiben unter dem Boden einen regelrechten Kohlenstoffhandel, und zwar auch über die Artgrenzen hinweg – das Team um Körner konnte zeigen, dass da Fichten, Buchen, Lärchen und Kiefern am selben unterirdischen Netz hängen (Klein T. et al. 2016).

36 Es gibt zwei Hauptformen von Mykorrhizapilzen: Die *Endomykorrhizapilze* wachsen in die Wurzelzellen hinein, zum Beispiel bei Hirse und Flachs. Die meisten einheimischen Krautpflanzen leben in Symbiose mit Endomykorrhizapilzen. Ein Grossteil unserer Waldbäume lebt hingegen mit *Ektomykorrhizapilzen* zusammen. Diese umspinnen mit ihren Pilzfäden die Wurzeln mit einem dichten Netz, wachsen aber nicht in die Zellen hinein.

37 Siehe auch Koechlin F. und Battaglia D. 2012, S. 35–45.

38 *Photosynthese von C_4- und C_3-Pflanzen*

Hirse ist eine C_4-Pflanze, Flachs eine C_3-Pflanze. C_4-Pflanzen sind Spezialisten und binden Kohlendioxid besser als C_3-Pflanzen; sie sind besser an warme und trockene Gegenden angepasst. Unter diesen klimatischen Bedingungen können sie mittels Photosynthese mehr Kohlenhydrate herstellen. Sie werden C_4-Pflanzen genannt, weil das erste Produkt der Photosynthese eine Kohlenstoffverbindung mit vier Kohlenstoffatomen, also 4 C-Atomen, ist. Zu den C_4-Pflanzen gehören einige Gräser, wie zum Beispiel Hirse, Mais oder Zuckerrohr. Bei den normalen C_3-Pflanzen ist das erste Photosyntheseprodukt eine Verbindung mit 3 C-Atomen.

39 *Isotopenuntersuchung*

Natürlich vorkommender Kohlenstoff (C) auf der Erde setzt sich aus drei Isotopen zusammen: ^{12}C, ^{13}C und ^{14}C.

Sowohl Hirse wie auch Flachs produzieren mittels Photosynthese Kohlenhydrate. Doch die C_4-Pflanze Hirse produziert ein Kohlenhydrat, dessen Verhältnis von ^{12}C und ^{13}C sich von demjenigen der C_3-Pflanze Flachs unterscheidet. Mit einem Massenspektrometer kann man diese Unterschiede in der Isotopenzusammensetzung genau bestimmen. So lässt sich nachweisen, welche Kohlenhydrate von der Hirse und welche vom Flachs stammen. Siehe Walder F. et al. 2012.

40 Im Wurzelbereich von Klee und anderen Leguminosen (Hülsenfrüchten) leben Rhizobien (Knöllchenbakterien), die Stickstoff aus der Luft in Stickstoffverbindungen umwandeln, die Pflanzen gebrauchen können. Die Pflanzen ihrerseits bilden in den Wurzeln Knöllchen, in denen sie die Rhizobien beherbergen.

41 Pflanzen, die Phosphate gut akquirieren können, produzieren sogenannte Komplexbildner, zum Beispiel Zitronensäure, die schwer zugängliche Phosphate in Lösung bringen und als Nährstoff verfügbar machen können.

42 Barto E. K. et al. 2011.

43 Bidartondo M. I. et al. 2002.

44 Song Y. Y. et al. 2010.

45 Song Y. Y. et al. 2014.

46 Eine Gruppe um David Johnson von der Universität Aberdeen wies nach, dass sich auch Bohnen via das unterirdische Mykorrhizanetz warnen, zum Beispiel vor Blattläusen. Zur Abwehr produzierten die vorgewarnten Bohnen Duftstoffe, die Blattläuse vertrieben, und solche, die Wespen – natürliche Feinde der Blattlaus – anzogen (Babikova Z. et al. 2013).

47 Projektpartner der Schweiz waren das Forschungsinstitut für biologischen Landbau (FiBL) und die Universität Neuenburg.

48 Untersuchung Indien: Mäder P. et al. 2010.

49 *Hydraulic lift* (oder *hydraulic redistribution*): passiver Wassertransport im Boden durch Wurzeln oder Pilzfäden entlang eines Gradienten im Boden-Wasser-Potential.

50 Unter anderem mit diesem Mechanismus gelangt das Wasser vom Boden bis in die obersten Blätter.

51 Siehe dazu Guhr A. et al. 2015.

52 Siehe dazu auch Priyadarshini K. V. R. et al. 2016.

53 van der Heijden M. G. A. et al. 1998.

54 Eidgenössische Forschungsanstalt für Wald, Schnee und Landschaft WSL 2013.

55 Teste F. P. et al. 2009; Philip L. J. et al. 2010.

56 Gorzelak M. A. et al. 2015.

57 Präparate-Bodenbearbeitungsversuch Frick, www.fibl.org/index.php?id=1847.

58 Tompkins P. und Bird C. 1974.

59 Ziegler A. und Heller K. A. 2000.

60 Siehe auch Mancuso S. und Viola A. 2015.

61 Siehe auch Pollan M. 2013.

62 Wenn Pflanzen verletzt werden oder Kälte erleben, leiten sie elektrische Signale durch ihre Körper. Interessant ist, dass eine Verletzung andere elektrische Signale verursacht als ein Kälteschock. Das weist darauf hin, dass die elektrischen Signale jeweils eine spezifische Bedeutung haben (Hedrich R. et al. 2016).

63 Gagliano M. et al. 2014.

64 Society of Plant Signaling and Behavior, www.plantbehavior.org.

65 Alpi A. et al. 2007.

66 Rasmann S. et al. 2012.

67 Etliche Experimente deuten darauf hin, dass auch Wildpflanzen in jener Umgebung am besten gedeihen, in der schon ihre Eltern aufwuchsen. So zog ein Team um Laura F. Galloway (Universität von Virginia) und Julie R. Etterson (Universität von Minnesota) wildwachsende Glockenblumen *(Campanulastrum americanum)* in verschiedenen Lichtverhältnissen auf. Wenn Eltern und Nachwuchs in gleichen Lichtverhältnissen aufgewachsen waren, war die Nachkommenschaft mehr als dreimal so fit, wie wenn Eltern und Nachwuchs anderen Lichtverhältnissen ausgesetzt waren. Offenbar vererben die Eltern ihre Lebenserfahrungen mit dem Licht an ihren Nachwuchs weiter (Galloway L. F. und Etterson J. R. 2007).

68 Argüello A. et al. 2016.

69 Hiruma K. et al. 2016.

70 Auch Raben können sich im Spiegel selbst erkennen und sich sogar in andere Tiere hineinversetzen (Güntürkün O. und Bugnyar T. 2016).

71 Siehe auch Mancuso S. und Viola A. 2015.

72 De Schutter O. 2010.

73 Siehe Koechlin F. 2008, S. 129–141.

74 Inzwischen hat ihr Sohn Josef Andreas den Hof übernommen und führt ihn in der gleichen Weise weiter. Sepp und Veronika Holzer bewirtschaften jetzt einen Permakulturbetrieb im südlichen Burgenland.

75 Rotter S. 1998.

76 Holzer S. 2002.

77 FAO, Landon-Lane C. 2004.

78 *Agroökologie*
Heute werden ökologische Anbausysteme – neben dem Bio- und dem biologisch-dynamischen Anbau auch Permakultur, Agro-

forst und andere – unter dem Begriff Agroökologie zusammengefasst.

Olivier De Schutter schreibt: »Agroökologie ist sowohl eine Wissenschaft als auch ein Set verschiedener Praktiken. Da kommen zwei wissenschaftliche Disziplinen zusammen: Agronomie und Ökologie. Als Wissenschaft beinhaltet Agroökologie die Anwendung ökologischer Wissenschaften auf Erforschung, Design und Management nachhaltiger Agroökosysteme. Als Set von Praktiken sucht Agroökologie nach Wegen, um Landwirtschaftssysteme zu verbessern, indem sie natürliche Prozesse nachahmt und damit nützliche biologische Interaktionen und Synergien unter den verschiedenen Komponenten hervorbringt. Die Kernprinzipien der Agroökologie umfassen u.a.: Nährstoffe und Energie werden auf der Farm rezykliert und möglichst wenige externe Inputs eingeführt; Pflanzenkulturen und Tierhaltung werden integriert; Arten und genetische Ressourcen werden diversifiziert, und zwar über die Agroökosysteme und über Zeit und Raum hinweg. Der Schwerpunkt liegt auf Interaktionen und Produktion über das ganze Agroökosystem hinweg statt auf einer einzelnen Art. Agroökosysteme sind sehr wissensintensiv und basieren auf Techniken, die nicht *top-down* geliefert, sondern auf der Basis des Wissens und Experimentierens von Bauern entwickelt werden« (De Schutter O. 2010, S. 6).

79 Die promovierte Physikerin Vandana Shiva hat zusammen mit Verbündeten Patente auf Pflanzen angefochten, zum Teil erfolgreich: Ein Patent auf einen Bestandteil des in Indien heiligen Neembaums und ein Patent auf Basmatireis mussten zurückgezogen werden. In Indien half sie, eine landesweite Bewegung gegen Agrogentechnik und Patente auf Pflanzen, Tiere und Gene ins Leben zu rufen. 2010 musste die Regierung auf die Freisetzung genmanipulierter Auberginen verzichten – der Druck der Bevölkerung war zu gross geworden. Für ihre Arbeit erhielt Vandana Shiva zahlreiche Auszeichnungen, so 1993 den Global 500 Award des Umweltprogramms der Vereinten Nationen (UNEP). Das Magazin *Time* ernannte sie zu einer von fünf »Heroes for the Green Century« (siehe auch Koechlin F. 2005, S. 7–23).

80 Hans Herren erhielt 1995 den Welternährungspreis für seinen erfolgreichen Einsatz gegen die Schmierlaus, die das in Afrika wichtige Grundnahrungsmittel Maniok bedrohte. Herren und sein

Team suchten im Herkunftsland der Schmierlaus – in Paraguay – nach deren natürlichen Feinden. Sie fanden eine Schlupfwespe, die spezifisch nur die Schmierlaus tötet. Nach sorgfältiger Prüfung unter Quarantänebedingungen wurden Schlupfwespen mit Flugzeugen über weite Teile Afrikas – von Senegal bis Angola und Moçambique – abgeworfen. Nach einigen Jahren waren die Schmierläuse dezimiert und das natürliche Gleichgewicht wiederhergestellt. Eine grosse Hungersnot wurde verhindert. Herrens Arbeit habe schätzungsweise zwanzig Millionen Menschen das Leben gerettet, schreibt Herbert Cerutti in Hans Herrens Biographie (Cerutti H. 2011).

81 Siehe auch Koechlin F. 2005, S. 25–48.

82 Der Weltagrarbericht (IAASTD 2009) ist die bisher umfassendste Bewertung heutiger Landwirtschaftssysteme. Sein Fazit: Hunger und Armut können nur auf lokaler Ebene nachhaltig bekämpft werden. Die von Kleinbauernfamilien in wenig günstigen Anbaulagen erzielbare Ertragssteigerung übertrifft die Möglichkeiten der industriellen Landwirtschaft um ein Vielfaches. Das erfordert eine Umkehr in der Agrarpolitik und -forschung hin zu einer multifunktionalen Landwirtschaft, die den Erhalt und die Erneuerung der natürlichen Ressourcen und der Artenvielfalt in den Mittelpunkt stellt. Dieses Ziel kann nur in enger Zusammenarbeit mit Kleinbäuerinnen und Kleinbauern erreicht werden.

In der Effizienzanalyse der Experten schnitten praktische Massnahmen erheblich besser ab als Hightechforschung und globale Märkte. So sollen Bildungs- und Kreditmöglichkeiten für Frauen systematisch verbessert, lokale Märkte erschlossen, angepasste und bewährte Techniken verbreitet und das traditionelle Wissen in die Forschung mit einbezogen werden.

Im Bericht wird Gentechnik nicht ausgeschlossen, doch wird ihr Beitrag für die drängenden Probleme der Landwirtschaft als gering eingeschätzt. Patente auf genmanipuliertes Saatgut würden die lokale Züchtung behindern und den Austausch und den Verkauf von Saatgut erschweren. Zudem könnten auf die Bauern Haftungsklagen wegen unbeabsichtigter Kontaminationen zukommen.

Siehe auch Zukunftsstiftung Landwirtschaft (Hg.) 2009.

83 Altieri M. A. et al. schreiben: »In Afrika war die Förderung baumbasierter Landwirtschaft eine der erfolgreichsten Diversifikationsstrategien. In Malawi, Tansania, Moçambique, Sambia und Kame-

run hat Agroforst von Mais zusammen mit schnellwachsenden und stickstoffproduzierenden Sträuchern (z.B. *Calliandra* und *Tephrosia*) die gesamte Maisproduktion drastisch erhöht: Sie beträgt acht Tonnen pro Hektar verglichen mit fünf Tonnen bei Monokulturen. In Malawi stiegen die Maiserträge um 280 Prozent in einem Gebiet unter Baumbeschirmung *(tree canopy),* verglichen mit einem Gebiet ausserhalb der Bäume. (...) Bäume liefern natürlichen Gratisdünger durch Blattfall zu Beginn der Regenzeit, wenn die Kulturen gepflanzt werden. (...) Sie beschützen die Kulturen vor trockenen Winden und das Land vor Wind- und Wassererosion« (Altieri M. A. et al. 2011).

84 Der Khejribaum *(Prosopis cineraria)* ist meistens immergrün, er ist frost- und dürreresistent und erträgt extreme Temperaturschwankungen von über vierzig Grad Celsius im Sommer bis weniger als minus zehn Grad Celsius im Winter. Er braucht fast kein Wasser und kommt vor allem in den Wüstengebieten von Rajasthan vor. Als Leguminose fixiert er Stickstoff im Boden; seine Wurzeln können mehr als dreissig Meter tief in den Boden reichen. Er stabilisiert sandigen Wüstenboden, verbessert ihn, dient als Windbrecher, und alle seine Bestandteile finden Verwendung. In der Ayurveda-Medizin spielt der Khejribaum eine grosse Rolle. Khejriblüten gelten als Vorsorge gegen Fehlgeburten, Khejririnde wird gegen Bronchitis, Asthma und andere Krankheiten verwendet, der Rauch brennender Blätter ist gut bei Augenproblemen.
1730 liessen 363 Bishnoi, angeführt von Amrita Devi, im Dorf Khejarli in Rajasthan ihr Leben, um die als heilig geltenden Khejribäume vor der Abholzung zu bewahren.

85 Beispielsweise verabschiedete die UNO 2015 die *Agenda 2030* mit den »17 Zielen für nachhaltige Entwicklung«. Darin wurden zentrale Elemente des Weltagrarberichts aufgenommen. Die Ziele sollen bis 2030 umgesetzt werden. Auch die Schweiz hat sich zu diesen Zielen verpflichtet.

86 Übersicht Agroökologie versus Industrielandwirtschaft mit vielen Referenzen: Valenzuela H. 2016.

87 Siehe Koechlin F. 2005, S. 32ff.; Adhiambo M. 2011.

88 Mann C. C. 2005, S. 197f.

89 Altieri M. A. und Toledo V. M. schreiben: »In Mexiko müssen 1,73 Hektar mit Mais-Monokulturen gepflanzt werden, um gleich viele Lebensmittel zu produzieren wie ein Hektar mit einer Mi-

schung aus Mais, Kürbis und Bohnen. Dazu kommt, dass die Mais-Kürbis-Bohnen-Polykultur pro Hektar bis zu vier Tonnen trockenes organisches Material produziert, das in den Boden gepflügt werden kann, verglichen mit zwei Tonnen in einer Mais-Monokultur« (Altieri M. A. und Toledo V. M. 2011).

90 De Schutter O. 2010.

91 Cernansky R. 2015.

92 Bolivien ging in eine ähnliche Richtung: 2010 verabschiedete das Parlament das Gesetz über die Rechte der Mutter Erde *(Ley de Derechos de la Madre Tierra).* Siehe auch Pelizzon A. und Gagliano M. 2015.

93 Fechner G. T. 1848, S. 39.

94 Code civil, article 515-14.

95 Eidgenössische Ethikkommission für die Biotechnologie im Ausserhumanbereich EKAH (Hg.) 2008.

96 Siehe auch Pelizzon A. und Gagliano M. 2015: eine interessante Untersuchung zu *Earth Jurisprudence* und zu anderen Ansätzen, der Natur und den Pflanzen Rechte zuzugestehen.

97 Als Autoren und Autorinnen der Rheinauer Thesen trafen wir uns auch nach deren Veröffentlichung in regelmässigen Abständen. 2011 formulierten wir die Rheinauer Thesen II: *Züchtung als »Gespräch«. Rheinauer Thesen zur Ökologischen Pflanzenzüchtung.* Drei Jahre später, 2014, veröffentlichten wir *Jenseits der Blattränder. Eine Annäherung an Pflanzen:* Das Buch besteht aus einer Sammlung von »Fragmenten« – es ist kein in sich geschlossenes Werk, eher eine tastende Annäherung an Pflanzen (Koechlin F. [Hg.] 2014).

Bücher zum Thema

Koechlin F. (2005). Zellgeflüster. Streifzüge durch wissenschaftliches Neuland. Basel: Lenos.

Koechlin F. (2008). PflanzenPalaver. Belauschte Geheimnisse der botanischen Welt. Basel: Lenos.

Koechlin F. und Battaglia D. (2012). Mozart und die List der Hirse. Natur neu denken. Basel: Lenos.

Koechlin F. (Hg.) (2014). Jenseits der Blattränder. Eine Annäherung an Pflanzen. Basel: Lenos.

Koechlin F. (2015). Plant whispers. A journey through new realms of science [E-Book]. Basel: Lenos.

Blanc P. (2005). Le bonheur d'être plante. Paris: Maren Sell.

Cerutti H. (2011). Wie Hans Rudolf Herren 20 Millionen Menschen rettete. Die ökologische Erfolgsstory eines Schweizers. Zürich: Orell Füssli.

Chamovitz D. (2013). Was Pflanzen wissen. Wie sie sehen, riechen und sich erinnern. München: Hanser.

Farmer E. E. (2014). Leaf Defence. Oxford: Oxford University Press.

Grefe C. (2016). Global Gardening. Bioökonomie – neuer Raubbau oder Wirtschaftsform der Zukunft? München: Kunstmann.

Hall M. (2011). Plants as Persons. A Philosophical Botany. Albany, N. Y.: SUNY Press.

Holzer S. (2002). Der Agrar-Rebell. Graz: Stocker.

Ingensiep H. W. (2001). Geschichte der Pflanzenseele. Philosophische und biologische Entwürfe von der Antike bis zur Gegenwart. Stuttgart: Kröner.

Karban R. (2015). Plant sensing & communication. Chicago: University of Chicago Press.

zu Löwenstein F. (2011). Food Crash. Wir werden uns ökologisch ernähren oder gar nicht mehr. München: Pattloch.

Mancuso S. und Viola A. (2015). Brilliant Green. The Surprising History and Science of Plant Intelligence. Washington, D. C.: Island Press.

Pollan M. (2001). The Botany of Desire. A Plant's-Eye View of the World. New York: Random House.

Rippe K. P. (2008). Ethik im ausserhumanen Bereich. Paderborn: Mentis.

Stöcklin J. (2007). Die Pflanze. Moderne Konzepte der Biologie (Beiträge zur Ethik und Biotechnologie, 2). Bern: Bundesamt für Bauten und Logistik.

Tompkins P. und Bird C. (1974). Das geheime Leben der Pflanzen. Pflanzen als Lebewesen mit Charakter und Seele und ihre Reaktionen in den physischen und emotionalen Beziehungen zum Menschen. Bern, München: Scherz.

Trewavas A. (2014). Plant Behaviour and Intelligence. Oxford: Oxford University Press.

Wohlleben P. (2015). Das geheime Leben der Bäume. Was sie fühlen, wie sie kommunizieren – die Entdeckung einer verborgenen Welt. München: Ludwig.

The Worldwatch Institute (2011). State of the World 2011. Innovations that Nourish the Planet. New York, London: W. W. Norton & Company.

Referenzen

Adhiambo M. (2011). 'Push–pull' pest control to reach more African farmers. SciDev.Net, 26.4.2011. www.scidev.net/en/news/-push-pull-pest-control-to-reach-more-african-farmers-1.html.

Allmann S. und Baldwin I.T. (2010). Insects Betray Themselves in Nature to Predators by Rapid Isomerization of Green Leaf Volatiles. Science, 329, 5995, S. 1075–1078.

Alpi A. und 35 Mitunterzeichnerinnen und Mitunterzeichner (2007). Plant neurobiology: no brain, no gain? Trends in Plant Science, 12, 4, S. 135–136.

Altieri M.A., Funes-Monzote F.R. und Petersen P. (2011). Agroecologically efficient agricultural systems for smallholder farmers. Contributions to food sovereignty. Agronomy for Sustainable Development, 32, 1, S. 1–13.

Altieri M.A. und Toledo V.M. (2011). The agroecological revolution in Latin America. Rescuing nature, ensuring food sovereignty and empowering peasants. Journal of Peasant Studies, 38, 3, S. 587–612.

Amo L., Jansen J.J., van Dam N.M., Dicke M. und Visser M.E. (2013). Birds exploit herbivore-induced plant volatiles to locate herbivorous prey. Ecology Letters, 16, 11, S. 1348–1355.

Appel H.M. und Cocroft R.B. (2014). Plants respond to leaf vibrations caused by insect herbivore chewing. Oecologia, 175, 4, S. 1257–1266.

Argüello A., O'Brien M.J., van der Heijden M.G.A., Wiemken A., Schmid B. und Niklaus P.A. (2016). Options of partners improve carbon for phosphorus trade in the arbuscular mycorrhizal mutualism. Ecology Letters, 19, 6, S. 648–656.

Arzt V. (2012). Das Giftgrün. GEO, 12, S. 116–130.

Babikova Z., Gilbert L., Bruce T.J.A., Birkett M., Caulfield J.C., Woodcock C., Pickett J.A. und Johnson D. (2013). Underground signals carried through common mycelial networks warn neighbouring plants of aphid attack. Ecology Letters, 16, 7, S. 835–843.

Barto E.K., Hilker M., Müller F., Mohney B.K., Weidenhamer J.D. und Rillig M.C. (2011). The Fungal Fast Lane. Common Mycorrhizal Networks Extend Bioactive Zones of Allelochemicals in Soils. PLoS ONE, 6, 11, e27195.

Bidartondo M.I., Redecker D., Hijri I., Wiemken A., Bruns T.D.,

Domínguez L., Sérsic A., Leake J.R. und Read D.J. (2002). Epiparasitic plants specialized on arbuscular mycorrhizal fungi. Nature, 419, S. 389–392.

Biedrzycki M.L., Jilany T.A., Dudley S.A. und Bais H.P. (2010). Root exudates mediate kin recognition in plants. Communicative & Integrative Biology, 3, 1, S. 28–35.

Blande J.D., Li T. und Holopainen J.K. (2011). Air pollution impedes plant-to-plant communication, but what is the signal? Plant Signaling & Behavior, 6, 7, S. 1016–1018.

Boller T. und He S.Y. (2009). Innate Immunity in Plants: An Arms Race Between Pattern Recognition Receptors in Plants and Effectors in Microbial Pathogens. Science, 324, 5928, S. 742–744.

Broz A.K., Broeckling C.D., De-la-Peña C., Lewis M.R., Greene E., Callaway R.M., Sumner L.W. und Vivanco J.M. (2010). Plant neighbor identity influences plant biochemistry and physiology related to defense. BMC Plant Biology, 10, 115.

Caruso C.M. und Parachnowitsch A.L. (2016). Do Plants Eavesdrop on Floral Scent Signals? Trends in Plant Science, 21, 1, S. 9–15.

Cernansky R. (2015). The rise of Africa's super vegetables. Nature, 522, 7555, S. 146–148.

Cerutti H. (2011). Wie Hans Rudolf Herren 20 Millionen Menschen rettete. Die ökologische Erfolgsstory eines Schweizers. Zürich: Orell Füssli.

Chamovitz D. (2013). Was Pflanzen wissen. Wie sie sehen, riechen und sich erinnern. München: Hanser.

De Schutter O. (2010). Report submitted by the Special Rapporteur on the right to food. United Nations General Assembly. Human Rights Council. Sixteenth session. Agenda item 3. Promotion and protection of all human rights, civil, political, economic, social and cultural rights, including the right to development. A/HRC/16/49.

Dittmer H.J. (1937). A Quantitative Study of the Roots and Root Hairs of a Winter Rye Plant *(Secale cereale)*. American Journal of Botany, 24, 7, S. 417–420.

Eidgenössische Ethikkommission für die Biotechnologie im Ausserhumanbereich EKAH (Hg.) (2008). Die Würde der Kreatur bei Pflanzen. Die moralische Berücksichtigung von Pflanzen um ihrer selbst willen. Bern: EKAH. www.ekah.admin.ch/fileadmin/ekah-dateien/dokumentation/publikationen/d-Broschure-Wurde-Pflanze-2008.pdf.

Eidgenössische Forschungsanstalt für Wald, Schnee und Landschaft WSL (2013). Wie schwere Forstmaschinen das Leben im Waldboden verändern. www.wsl.ch/medien/news/Bodenverdichtung/index_DE.

Falik O., Mordoch Y., Quansah L., Fait A. und Novoplansky A. (2011). Rumor Has It …: Relay Communication of Stress Cues in Plants. PLoS ONE, 6, 11, e23625.

FAO, Landon-Lane C. (2004). Livelihoods grow in gardens. Diversifying rural incomes through home gardens. Rom: FAO.

Fechner G.T. (1848). Nanna oder über das Seelenleben der Pflanzen. Leipzig: Leopold Voß.

Gagliano M., Renton M., Depczynski M. und Mancuso S. (2014). Experience teaches plants to learn faster and forget slower in environments where it matters. Oecologia, 175, 1, S. 63–72.

Galloway L.F. und Etterson J.R. (2007). Transgenerational Plasticity Is Adaptive in the Wild. Science, 318, 5853, S. 1134–1136.

Garibaldi L.A., Carvalheiro L.G., Vaissière B.E. et al. (2016). Mutually beneficial pollinator diversity and crop yield outcomes in small and large farms. Science, 351, 6271, S. 388–391.

Gorzelak M.A., Asay A.K., Pickles B.J. und Simard S.W. (2015). Inter-plant communication through mycorrhizal networks mediates complex adaptive behaviour in plant communities. AoB Plants, 7, plv050.

Guhr A., Borken W., Spohn M. und Matzner E. (2015). Redistribution of soil water by a saprotrophic fungus enhances carbon mineralization. PNAS, 112, 47, S. 14647–14651.

Güntürkün O. und Bugnyar T. (2016). Cognition without Cortex. Trends in Cognitive Sciences, 20, 4, S. 291–303.

Hedrich R., Salvador-Recatalà V. und Dreyer I. (2016). Electrical Wiring and Long-Distance Plant Communication. Trends in Plant Science, 21, 5, S. 376–387.

van der Heijden M.G.A., Klironomos J.N., Ursic M., Moutoglis P., Streitwolf-Engel R., Boller T., Wiemken A. und Sanders I.R. (1998). Mycorrhizal fungal diversity determines plant biodiversity, ecosystem variability and productivity. Nature, 396, S. 69–72.

Heil M., Rattke J. und Boland W. (2005). Postsecretory Hydrolysis of Nectar Sucrose and Specialization in Ant/Plant Mutualism. Science, 308, 5721, S. 560–563.

Himanen S.J., Blande J.D. und Holopainen J.K. (2010). Plant-emitted semi-volatiles shape the infochemical environment and herbivore resistance of heterospecific neighbors. Plant Signaling & Behavior, 5, 10, S. 1234–1236.

Hiruma K., Gerlach N., Sacristán S., Nakano R. T., Hacquard S., Kracher B., Neumann U., Ramírez D., Bucher M., O'Connell R. J. und Schulze-Lefert P. (2016). Root Endophyte *Colletotrichum tofieldiae* Confers Plant Fitness Benefits that Are Phosphate Status Dependent. Cell, 165, 2, S. 464–474.

Holzer S. (2002). Der Agrar-Rebell. Graz: Stocker.

International Assessment of Agricultural Knowledge, Science and Technology for Development (IAASTD) (2009). Agriculture at a Crossroads. Global Report. Hg. von McIntyre B. D., Herren H. R., Wakhungu J. und Watson R. T. Washington, D. C.: Island Press.

Kessler D., Diezel C. und Baldwin I. T. (2010). Changing Pollinators as a Means of Escaping Herbivores. Current Biology, 20, 3, S. 237–242.

Kessler D., Gase K. und Baldwin I. T. (2008). Field Experiments with Transformed Plants Reveal the Sense of Floral Scents. Science, 321, 5893, S. 1200–1202.

Klein T., Siegwolf R. T. W. und Körner C. (2016). Belowground carbon trade among tall trees in a temperate forest. Science, 352, 6283, S. 342–344.

Kumar P., Rathi P., Schöttner M., Baldwin I. T. und Pandit S. (2014). Differences in Nicotine Metabolism of Two *Nicotiana attenuata* Herbivores Render Them Differentially Susceptible to a Common Native Predator. PLoS ONE, 9, 4, e95982.

Mäder P., Kaiser F., Adholeya A., Singh R., Uppal H. S., Sharma A. K., Srivastava R., Sahai V., Aragno M., Wiemken A., Johri B. N. und Fried P. M. (2010). Inoculation of root microorganisms for sustainable wheat–rice and wheat–black gram rotations in India. Soil Biology and Biochemistry, 43, 3, S. 609–619.

Mancuso S. und Viola A. (2015). Brilliant Green. The Surprising History and Science of Plant Intelligence. Washington, D. C.: Island Press.

Mann C. C. (2005). 1491. New Revelations of the Americas Before Columbus. New York: Knopf.

Márquez L. M., Redman R. S., Rodriguez R. J. und Roossinck M. J. (2007). A Virus in a Fungus in a Plant: Three-Way Symbiosis Required for Thermal Tolerance. Science, 315, 5811, S. 513–515.

Murphy G. P. und Dudley S. A. (2009). Kin recognition: Competition and cooperation in *Impatiens* (Balsaminaceae). American Journal of Botany, 96, 11, S. 1990–1996.

Musah R. A., Lesiak A. D., Maron M. J., Cody R. B., Edwards D., Fowble K. L., Dane A. J. und Long M. C. (2016). Mechanosensitivity below Ground: Touch-Sensitive Smell-Producing Roots in the Shy Plant *Mimosa pudica*. Plant Physiology, 170, 2, S. 1075–1089.

Palmer T. M., Stanton M. L., Young T. P., Goheen J. R., Pringle R. M. und Karban R. (2008). Breakdown of an Ant-Plant Mutualism Follows the Loss of Large Herbivores from an African Savanna. Science, 319, 5860, S. 192–195.

Paschold A., Halitschke R. und Baldwin I. T. (2006). Using 'mute' plants to translate volatile signals. The Plant Journal, 45, 2, S. 275–291.

Pelizzon A. und Gagliano M. (2015). The Sentience of Plants: Animal Rights and Rights of Nature Intersecting? Australian Animal Protection Law Journal, 11, S. 5–13.

Pennisi E. (2016). Orchids give off human 'body odor' to attract mosquitoes. Science; DOI: 10.1126/science.aae0172.

Philip L. J., Simard S. W. und Jones M. D. (2010). Pathways for belowground carbon transfer between paper birch and Douglas-fir seedlings. Plant Ecology & Diversity, 3, 3, S. 221–233.

Priyadarshini K. V. R., Prins H. H. T., de Bie S., Heitkönig I. M. A., Woodborne S., Gort G., Kirkman K., Ludwig F., Dawson T. E. und de Kroon H. (2016). Seasonality of hydraulic redistribution by trees to grasses and changes in their water-source use that change tree–grass interactions. Ecohydrology, 9, 2, S. 218–228.

Rasmann S., De Vos M., Casteel C. L., Tian D., Halitschke R., Sun J. Y., Agrawal A. A., Felton G. W. und Jander G. (2012). Herbivory in the Previous Generation Primes Plants for Enhanced Insect Resistance. Plant Physiology, 158, 2, S. 854–863.

Redman R. S., Kim Y. O., Woodward C. J. D. A., Greer C., Espino L., Doty S. L. und Rodriguez R. J. (2011). Increased Fitness of Rice Plants to Abiotic Stress Via Habitat Adapted Symbiosis. A Strategy for Mitigating Impacts of Climate Change. PLoS ONE, 6, 7, e14823.

Reid A. und Greene S. E. (2013). How Microbes Can Help Feed the World. Report on an American Academy of Microbiology Colloquium. Washington, DC // December 2012. http://academy.asm.org/images/stories/documents/FeedTheWorld.pdf.

Rotter S. (1998). Der Krameterhof. Ökologische Produkt- und Flächenbewertung eines Permakulturbetriebes im Lungau. Diplomarbeit am Institut für Umwelt und Wirtschaft, Wirtschaftsuniversität Wien.

Runyon J.B., Mescher M.C. und De Moraes C.M. (2006). Volatile Chemical Cues Guide Host Location and Host Selection by Parasitic Plants. Science, 313, 5795, S. 1964–1967.

Rydin C. und Bolinder K. (2015). Moonlight pollination in the gymnosperm *Ephedra* (Gnetales). Biology Letters, 11, 4, 20140993.

Schmidt B., Ribnicky D.M., Poulev A., Logendra S., Cafalu W.T. und Raskin I. (2008). A natural history of botanical therapeutics. Metabolism – Clinical and Experimental, 57, Suppl. 1, S. S3–S9.

Schulze B., Kost C., Arimura G.-I. und Boland W. (2006). Duftstoffe: Die Sprache der Pflanzen. Signalrezeption, Biosynthese und Ökologie. Chemie in unserer Zeit, 40, 6, S. 366–377.

Schuman M.C. und Baldwin I.T. (2016). The Layers of Plant Responses to Insect Herbivores. Annual Review of Entomology, 61, S. 373–394.

Semchenko M., Saar S. und Lepik A. (2014). Plant root exudates mediate neighbour recognition and trigger complex behavioural changes. New Phytologist, 204, 3, S. 631–637.

Song Y.Y., Ye M., Li C.Y., He X.H., Zhu-Salzman K., Wang R.L., Su Y.J., Luo S.M. und Zeng R.S. (2014). Hijacking common mycorrhizal networks for herbivore-induced defence signal transfer between tomato plants. Scientific Reports, 4, 3915.

Song Y.Y., Zeng R.S., Xu J.F., Li J., Shen X. und Yihdego W.G. (2010). Interplant Communication of Tomato Plants through Underground Common Mycorrhizal Networks. PLoS ONE, 5, 10, e13324.

Stenberg J.A., Heil M., Åhman I. und Björkman C. (2015). Optimizing Crops for Biocontrol of Pests and Disease. Trends in Plant Science, 20, 11, S. 698–712.

Teste F.P., Simard S.W., Durall D.M., Guy R.D., Jones M.D. und Schoonmaker A.L. (2009). Access to mycorrhizal networks and roots of trees: importance for seedling survival and resource transfer. Ecology, 90, 10, S. 2808–2822.

Tompkins P. und Bird C. (1974). Das geheime Leben der Pflanzen. Pflanzen als Lebewesen mit Charakter und Seele und ihre Reaktionen in den physischen und emotionalen Beziehungen zum Menschen. Bern, München: Scherz.

Valenzuela H. (2016). Agroecology: A Gobal Paradigm to Challenge Mainstream Industrial Agriculture. Horticulturae, 2 (1), 2; DOI: 10.3390/horticulturae2010002.

Walder F., Niemann H., Natarajan M., Lehmann M.F., Boller T. und Wiemken A. (2012). Mycorrhizal Networks: Common Goods of

Plants Shared under Unequal Terms of Trade. Plant Physiology, 159, 2, S. 789–797.
Weiler E. W. (2000). Wie Pflanzen fühlen. Spektrum der Wissenschaft, 3, S. 60–66.
de Zelicourt A., Al-Yousif M. und Hirt H. (2013). Rhizosphere Microbes as Essential Partners for Plant Stress Tolerance. Molecular Plant, 6, 2, S. 242–245.
Ziegler A. und Heller K. A. (2000). Intelligenz. In: Lexikon der Neurowissenschaft. Heidelberg: Spektrum Akademischer Verlag, www.spektrum.de/lexikon/neurowissenschaft/intelligenz/6137§.
Zukunftsstiftung Landwirtschaft (Hg.) (2009). Wege aus der Hungerkrise. Die Erkenntnisse des Weltagrarberichtes und seine Vorschläge für eine Landwirtschaft von morgen. Bochum, Berlin: Zukunftsstiftung Landwirtschaft. www.weltagrarbericht.de/downloads/Wege_aus_der_Hungerkrise_2.4MB.pdf.

Textnachweis

Folgende Texte aus früheren Büchern wurden für diese Ausgabe aktualisiert und überarbeitet:

Die Limabohne kommuniziert – aber wie?
aus: *PflanzenPalaver,* S. 39–48
Von Duftvokabeln und Zeichen
aus: *PflanzenPalaver,* S. 49–53
Die fruchtbare Oase im Wurzelstock
aus: *Jenseits der Blattränder,* S. 17–19
Das versteckte Sozialleben der Pflanzen
aus: *Mozart und die List der Hirse,* S. 25–33
Straucherbse bewässert Fingerhirse
aus: *Mozart und die List der Hirse,* S. 35–45
Ein Garten Eden in garstiger Höhe
aus: *PflanzenPalaver,* S. 11–24
Das Heilpflanzenparadies von Kerala
aus: *PflanzenPalaver,* S. 25–33
Monokulturen im Kopf
aus: *Mozart und die List der Hirse,* S. 97–104

Bildnachweis

Bilder auf den Seiten 12, 22, 30, 38, 44, 52, 60, 78:
aus der Serie *Es dräut und wächst* (Florianne Koechlin 2016)
Bilder auf den Seiten 94, 104, 120, 130, 142:
aus der Serie *Samen, Urwald* (Florianne Koechlin 2014)

S. 53: Susan Dudley (z.V.g.); S. 64, oben: Florian Walder; S. 75: FiBL; S. 105: Beat Häner; S. 138: Alex Hagmann; S. 153: Dominik Labhardt; alle anderen: Florianne Koechlin

Florianne Koechlin im Lenos Verlag

Zellgeflüster
Streifzüge durch wissenschaftliches Neuland
256 Seiten, mit Fotos, broschiert
ISBN 978 3 85787 742 1
LP 142

»Keine Fachbegriffe oder komplizierten Formulierungen, sondern spannende Einblicke in Themen wie Bewusstsein, Intelligenz und Kommunikation in der Natur.«
Deutschlandradio Kultur

Florianne Koechlin im Lenos Verlag

PflanzenPalaver
Belauschte Geheimnisse der botanischen Welt
237 Seiten, broschiert
ISBN 978 3 85787 785 8
LP 185

»Ein Buch über Denk- und Handlungsalternativen und eine spannende Auseinandersetzung mit der Beziehung Mensch–Pflanze.«
Berliner Zeitung

Florianne Koechlin im Lenos Verlag

Mozart und die List der Hirse
Natur neu denken
222 Seiten, Smartcover
ISBN 978 3 85787 460 4

»Florianne Koechlin und Denise Battaglia erzählen wundersame Naturgeschichten. Von Reben, die Mozart hören, von Menschen, die in der Wüste Gärten pflanzen, oder von Gorillas, die um ihre Toten trauern. Die zwölf überraschenden Reportagen haben eine gemeinsame Botschaft: In der Natur ist alles miteinander vernetzt – auch mit uns.«
Schweizer Familie

Florianne Koechlin im Lenos Verlag

Jenseits der Blattränder
Eine Annäherung an Pflanzen
235 Seiten, mit Abbildungen, kartoniert
ISBN 978 3 85787 776 6
LP 176

»Ein Muss für alle, die sich für Pflanzen und das grosse Beziehungsnetz der Natur interessieren.«
Ökologo

Florianne Koechlin im Lenos Verlag

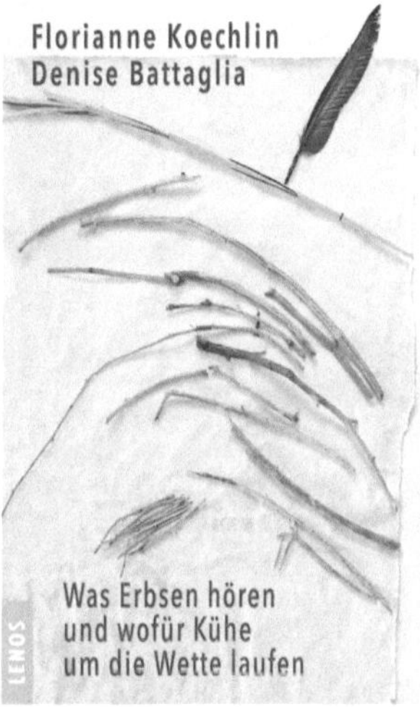

Was Erbsen hören und wofür Kühe um die Wette laufen
Verblüffendes aus der Pflanzen- und Tierwelt
263 Seiten, gebunden, mit Schutzumschlag
ISBN 978 3 85787 490 1

»Sie schreiben mit Herzblut und ohne Scheuklappen – Lektüre, die zum Nachdenken anregt.«
20 Minuten

»Wer dieses Buch gelesen hat, sieht die Rinderherde mit anderen Augen.«
Basler Zeitung

Sachbücher im Lenos Verlag

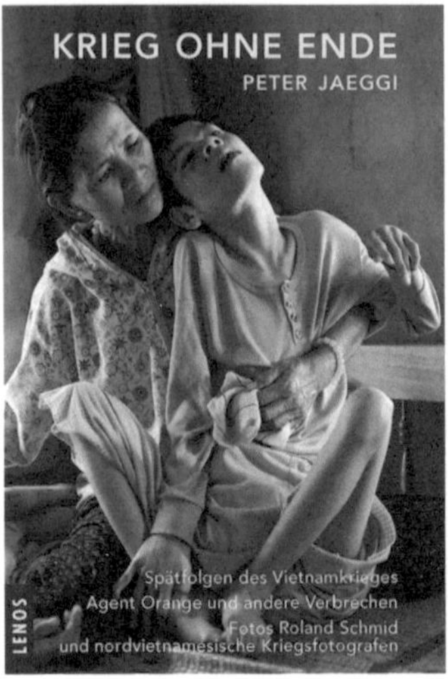

Peter Jaeggi
Krieg ohne Ende
Spätfolgen des Vietnamkrieges – Agent Orange und andere Verbrechen
Mit Fotos von Roland Schmid und nordvietnamesischen Kriegsfotografen
298 Seiten, kartoniert
ISBN 978 3 85787 473 4

Ein aufrüttelndes Buch über die vergessenen Opfer des Vietnamkrieges.